职场小白的入门心法

从0维到5维的 **认知迭代**

苟志民
宋倩
◎著

中国科学技术出版社
·北 京·

图书在版编目（CIP）数据

职场小白的入门心法：从 0 维到 5 维的认知迭代 / 苟志民，宋倩著．-- 北京：中国科学技术出版社，2025.9（2025.12 重印）．-- ISBN 978-7-5236-1566-9

Ⅰ．B848.4-49

中国国家版本馆 CIP 数据核字第 2025TH6883 号

策划编辑	赵　嵘　李芷珺	**责任编辑**	赵　嵘
封面设计	东合社	**版式设计**	愚人码字
责任校对	吕传新	**责任印制**	李晓霖

出　　版	中国科学技术出版社
发　　行	中国科学技术出版社有限公司
地　　址	北京市海淀区中关村南大街 16 号
邮　　编	100081
发行电话	010-62173865
传　　真	010-62173081
网　　址	http://www.cspbooks.com.cn

开　　本	880mm × 1230mm　1/32
字　　数	112 千字
印　　张	6.75
版　　次	2025 年 9 月第 1 版
印　　次	2025 年 12 月第 2 次印刷
印　　刷	大厂回族自治县彩虹印刷有限公司
书　　号	ISBN 978-7-5236-1566-9
定　　价	69.00 元

推荐序

提升你的认知维度

小友志民深耕管理学多年，颇有建树。他在专为职场小白撰写的“入门心法”中提出“5 维思维层级”，旨在帮助读者自我评估、持续进阶。我认为这件事情很有意义，内容也很有意思。

作者讲的 5 维层级分别是：

0 维懵懂的人。这种人自认为是世界的中心，希望所有人都围着他这个点来转。幼稚可笑，不足一谈。

1 维思考的人。这种人实现了左右横向的拓展，形如汉字“一”。他们意识到自己有需求，他人也有需求，因而开始理解协调与互助的必要性。

2 维思考的人。在“一”的基础上增加纵向维度，形成有长有宽的平面结构，故可称为“平面思维”。这类人认识到，想办成事不仅需要身边小伙伴的支持和帮助，还需要知道“我为了谁”“谁为了我”。

3 维思考的人。任何一个观察对象，面对复杂问题，能从左右、前后、上下多个角度分析原因、寻找对策，其思维被称为“立体思维”，这是一种较为完整的思维框架，涵盖多种要素。这类人能熟练运用这种框架，积极把握和处理人和人、事和事、人和事的关系，抓住主要矛盾，消弭分歧，把具体工作做好。

4 维思考的人。在立体思维基础上引入时间维度，这类人发现世间万物皆处于运动与变化之中。掌握了这种思维方式的人，能动态地观察事物，以发展的眼光分析问题，处事稳重，富有定力。

5 维思考的人。这类人能洞悉事物发展变化的规律，从本质上把握因果规律，无论干什么事情都能高人一筹。作者举的经典案例是“曲突徙薪”。据载，古时有一户人家，灶台上的烟囱修得笔直且正对屋檐，灶口旁还堆满柴草，烧火时火焰常窜向柴堆。有人发现隐患，劝房主将柴草搬离，并将烟囱改为弯曲状，以防火灾。

虽然房主曾多次听到类似建议，却始终未引起重视，更未付诸行动。不久，房屋果然失火，现场一片狼藉。因邻居们救火时竭尽全力，事后房主设宴答谢。然而人们发现，受邀者皆为救火积极、灰头土脸之人，而事先提醒防火者，竟无一人在场。

这个故事告诉我们：在应被感谢的对象选择上，房主的认知层次有限。若具备高维思维方式，断不会如此处置。

毫无疑问，一个刚从大学毕业、踏上职业生涯的人，面对此类问题常难以做出正确判断。这背后是一个需要不断提升认知维度的过程。在掌握5维思维后，应思考当前结果是由何种原因导致的——包括直接、间接与根本原因，并逐一梳理，以制定改进对策。唯有把握因果逻辑，工作才能更顺利，生活才能更通透。

具备5维思考的高度，需要长期修炼，是一个持续坚持、不断领悟的过程。作者指出，常见的认知陷阱有三类：一是不愿独立思考的“脑残粉”，二是固执己见的“一根筋”，三是敷衍应付的“面具人”。作者特别强调，逻辑思维的养成需严格执行“PDCA”循环，目标设定应符合

“SMART”原则。在计划安排阶段，应遵循“计划（P）—执行（D）—检查（C）—行动（A）”的闭环流程；在组织实施阶段，则需分解目标任务、协调资源以保障结果，同时贯彻标准以管控过程。

管理体系的有效性最终取决于什么？作者指出，关键在于认知水平，尤其是对人的认知。他深有体会地说：“领导者的眼里不能只有厂房、设备和产品，还应关注知识再生产的关键——人才。人才的成长过程，正是企业隐性知识和显性知识相互转化和增值的过程。”

“晴空一鹤排云上，便引诗情到碧霄”。讲管理、学管理虽被广泛倡导，但实效有限。我热切期望更多此类优秀著作问世，并对这本新著面世表示衷心祝贺！

王通讯

研究员

中国人事科学研究院原院长

中国人才研究会原副会长

中国人才学奠基者

2025.8.13

前 言

PREFACE

这是一本由“70 后”“85 后”“95 后”三代人接力创作，在融合“40 后”“50 后”“60 后”人生智慧的基础上，集思广益完成的职场指南。其中，“70 后”负责以通俗白话的方式阐述管理思维；“85 后”以更贴近年轻人的风格漫话管理思维；“95 后”以 Z 世代更喜闻乐见的漫画诠释管理思维。

如果说你已经处于自己希望的轻松自在的状态，或者以“混吃等死”为人生目标，彻底“躺平”；或者家境富裕，可以自在随心；或者工作“钱多活少离家近”；或者你已经是深谙管理之道的高手，那本书或许不能为你带来太多的灵感启发。

如果你认为自己是“典型理工男思维”——“搞研究、

做技术”“与企业管理离得太远，搞不懂”，那请回答一个问题：你现在的状态是从容自在、忙而有序的，还是混乱纠结、彷徨无助，甚至焦虑、抑郁的呢？如果已经做到了从容自在，那也可以就此打住，不用再往下看了。如果不是，那请继续往下看，而且要把内容与让自己纠结的现实问题联系起来，好好想一想。

在学生阶段，大家的生活环境相对简单，绝大多数事情的规则都是清晰的，关于结果的评价标准也是明确的，这有点像实验室的管理模式。我们不需要考虑太多外部影响因素，只要听老师的话专心学习，不胡思乱想，按时上课，通过考试，就能顺利毕业。

进入社会和职场后则不然。职场天地之广阔，远非校园可比，你将遇见更多的人，处理更复杂的事，还会涉及很多标准不明确的规则。如果不能保持清醒的头脑、树立明确的人生目标，那必将沦为别人实现目标的工具，生活便会如失去舵手的航船，随波逐流，对工作的积极性与主动性也会随之消失。这时候你就不太可能主动思考具体事务（无论是工作方面还是生活方面）的目标是什么，大概率会就事论事，面临资源不足或技术难题时也不想向家人、朋友、领导以及同事求助，凑合有个结果就觉得万事大吉。上班戴工卡时，觉得像是受到束缚，是一枚任人摆布的棋子，不甘心被人牵着鼻子走。生活一地鸡毛，工作难出成绩时，又觉得社会和公司对自己不公。

从社会来看，组织并未为个体量身定制任何事物，但是给个体留出了足够的生存和活动空间。这个时候，我们首先要面对和解决自己工作、生活中的问题，而不是超越现实能力去解释甚至解决社会问题。要做到前者，需要我们具备经营管理的思维。

本书基于认知规律，以“管理思维有什么用”“管理思维长什么样”“管理思维怎么练成”为主线脉络，从理论到实践层层推进，希望有助于读者逐步理解和掌握管理思维的核心概念，建立起角色认知基础上的管理思维。第一章通过“活出一个大自在”和“打造职业好平台”两个小节，将管理思维与个人目标、职业发展紧密结合，强调管理思维对个人成长和职业发展的实际应用价值；第二章采用先简单后复杂的认知层次设计，从初级的3维视角（自我、伙伴、供需、支持或约束）到更高的认知维度（气度和格局、动态变化、因果规律），逐步提升思维的高度和深度；第三章重点讲解如何培养管理思维，包括理顺人与人、物与物、事与事之间的管理关系，遵循 PDCA 循环（周密计划、严格执行、同步检查、及时调整）的管理逻辑，适应业务场景和推动持续提升，通过不断的修炼，树立自己的管理思维。

我们讲管理思维，突出的是“心法”，而不是“拳法”。它或许不能解决所有具体问题，但是可以提供一个类似参考对标的基点。有了基点，则便于对正，可回归初心。

目 录

CONTENTS

第 三 章

管理思维怎么练成

CHAPTER3

第 一 章

CHAPTER 1

有言道：思路决定出路。思路上的“差之毫厘”，很可能导致行动上的“谬以千里”。所谓“相由心生”，当问题具体显现时，背后往往是心态出现了偏差，甚至背离了初心。

俗话说：工夫在诗外。大家常说“既要……，又要……，还要……”，这看似是个无解的题，其实是在一定时间、空间和物质等条件约束下求取综合平衡。为了过上从容自在的生活，只关注事情本身是远远不够的，我们还要选择和运用合适的做事方式及方法，这其实就是在做管理工作。站在更高维度、深挖底层逻辑，从逻辑关联中寻找并把握可以一以贯之地统筹各方面影响因素的方法论，这就是在运用管理思维。管理方式和管理思维既适用于工作和学习，也适用于日常生活，涉及指导思想原则、活动组织实施以及资源整合配置等多个方面。每个人都需要想明白、说清楚以下三件事：我想成为什么样的人（从社会角色来看我是谁）、我怎么成为那样的人（规划路径选择方法）、我需要选择或寻找什么样的环境（获取实施规划及实现目标所必需的条件）。

一、活出一个大自在

人生在世，就得活出个“人样儿”来。每个人都应提前思考自己想活出怎样的人生，塑造自己怎样的人设。成君忆在《水煮三国》中设计了一个场景：母亲给刘备讲述一只沦落在鸡窝里的鹰的故事。未来如何，取决于你愿意像鸡一样成天溜达，还是像鹰一样展翅高飞。

现实地看，有些人想追求卓越，期望打造个人品牌；有些人想成为优秀的人，期望能够独当一面，在某个领域有所建树；有些人想顺其自然，按部就班地过日子。如何选择是个人的自由，我们在这里不做道德上的评判，只谈塑造人设的有效途径。

人在世上活，要在事中磨。无论哪一种人设，都需要通过做事才能成功塑造，不可能“躺赢”。经过了“历练”，才会有“功夫”。实现基本人设就是要有所成就，体现自己的价值。此处说的价值听起来抽象，具体解释就是“心想事成”，再深入点说就是“你要达成什么样的人生目标”。

由此展开就会发现，决定最终目标实现的“关键钥匙”，有时不在我们自己手里，而在一些贵人的手里，因此我们需要贵人相助。虽然《水煮三国》中的刘备奋发学习考上了大学，但是刘备母子解决不了学费的难题。这时候，有钱的叔叔站了出来：“他上学的学费就由我来负责吧！”贵人为什么选择助力？刘备叔叔的说法是：“自助者天助之。老天爷都愿意帮助你，何况我这个做叔叔的呢？”我们由此可以看出，得到贵人相助的核心是：你做的事情获得他人的欣赏，或者你能为贵人带来实际利益（比如说做管理复盘，切实地为企业提升效能），或者你满足了贵人的某种期望（培养接班人或投资未来）。

只要是综合性的事情，就会涉及很多因素，比如人力、设备 / 工具、材料、方式 / 方法、场所 / 环境等，但是这些因素的重要程度一定是有差异的。要想把事情做好，需要“全面兼顾，重点突出”，确保在关键领域取得成功的同时，其他方面也不掉链子。如果不分重点，每个细节都盲目追求尽善尽美，那就会极大地耗费人力资源和物力资源，不仅无法获得成功，还会得不偿失。另外，要使用正确的技术方法，而不是墨守成规。要找出沙子中的铁屑，就得使用磁铁，而不是投入大量人力一点点翻找。

怎样平衡全面和重点，做到要事优先呢？美国心理学家亚伯拉罕·马斯洛（Abraham Maslow）1943 年在《人类动机理论》一书中首次提出：人的需求呈金字塔结构，由低到高依次是生理需求、安全需求、归属需求、尊重需求和自我实现需求。之后又补充了认知需求和审美需求。他认为需求层次越低，力量越大，潜力越大。随着需求层次的上升，需求的力量相应减弱。高层次需求出现之前，必须先满足或部分满足低层次需求。

对照需求层次理论，我们以吃饭为例进行说明。试想

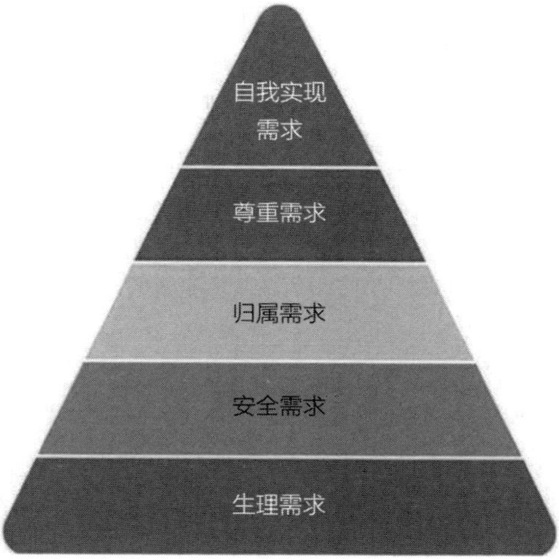

一下，在饥荒年代，树皮草根都可以吃。可以看出，人吃饭是为了活着，第一需求是能量。能量需求得到基本满足（注意不是绝对）之后，我们就希望吃得卫生一些，要不然可能会拉肚子甚至中毒。卫生条件基本满足之后，我们会希望食物营养丰富、均衡。营养要求满足之后，就会追求色、香、味俱全。再然后可能要求就餐环境温馨、典雅。

有理有例，大家应该明白了：越是底层的需求越是重要，是需要突出的重点；越是看起来高级的越是锦上添花，只需兼顾即可。好多人出游时宁愿舍弃五星级酒店的就餐环境，也要去“苍蝇馆子”品尝地道的本土小吃。只要能保障基本的卫生、营养和能量获得，那么这种做法就是一个很理性的选择。反之，如果过于贪恋美味等高级需求而忽视了营养、卫生等基础需求，就会陷入前期吃饭时比别人多花钱，后面看病也比别人多花钱的“双向收费”窘境。

学习并有效运用管理思维，有助于活出自己想要的模样，甚至打造个人品牌，实现忙而有序的“从容自在”，而非无所事事的“轻松自在”，即网上常说的“躺平”状态。

贴士：要活出自己就得“佛系”

经常听到这样的说法：女人又是女儿又是妈妈，唯独不是她自己。似乎作为女人，很难活出自己。实际上，男人也可以做同样的类比。

笔者以为，要活出自己，就得相信“人是社会关系的总和”。此处的社会关系，可以是夫妻关系、亲子关系、朋友关系、工作关系、社交关系等。有这样一句电影台词：肉体的死亡并不可怕，但是如果世上不再有人记得你，你就真的死了，那才是最可怕的。现实中也有“社会性死亡”的说法，足见此观点认同之广泛。从这个意义上讲，远离人类社会的狼孩没有社会关系，因此不能完全算人类。

处理社会关系的实质是扮演好自己的角色。表面是为别人，实际是修炼自己：提升自己的能力、层次和境界。所有人都是来度你的。处理夫妻、亲子、上级与下属等各种关系，都是无可替代的人生体验。如果不结婚，就无法获得作为配偶和对待伴侣的人生体验；如果不养育孩子，就无法获得为人父母的人生体验；如果不参加工作，就无法获得团队协同的人生体验……

我们可能既是家长又是孩子，可能既是领导也是下属，可能既是老师也是学生……确保每一种关系都达到及格线以上水平，也就是做到“全面兼顾”，否则就可能导致人生“翻车”。在兼顾各方面关系的同时，我们还需要突出重点，即相对更加重视某些关系，否则可能导致不同关系之间的不协调。

同时需要记住：任何一种体验都可能让你“上瘾”（过于重视特定关系，就可能导致自己被关系控制或被情感操纵）。应明确边界和底线，时时提醒自己“知止”，把各种关系的亲密程度控制在合理的范围内，并在合适的时机做出决策，而不是被任何一种关系所控制。过犹不及，关系发展到一定的程度就要收手或者放手。孩子长大，可以独立自主了，作为家长的我们就要减少对他们的控制欲，这就是收手；夫妻关系已经破裂，心已不再属于对方，那就切断联系，好合好散，这就是放手。

这正符合《金刚经》中所说的“应无所住而生其心”，而我们也因此活出了自己。

漫画解文
当前职场中不纠结、不焦虑的
年轻人，能有几人？
纠结、焦虑的职场人
心态乐观的职场人
领导
下属
家长
孩子
大自在不是轻松自在，
而是从容自在！

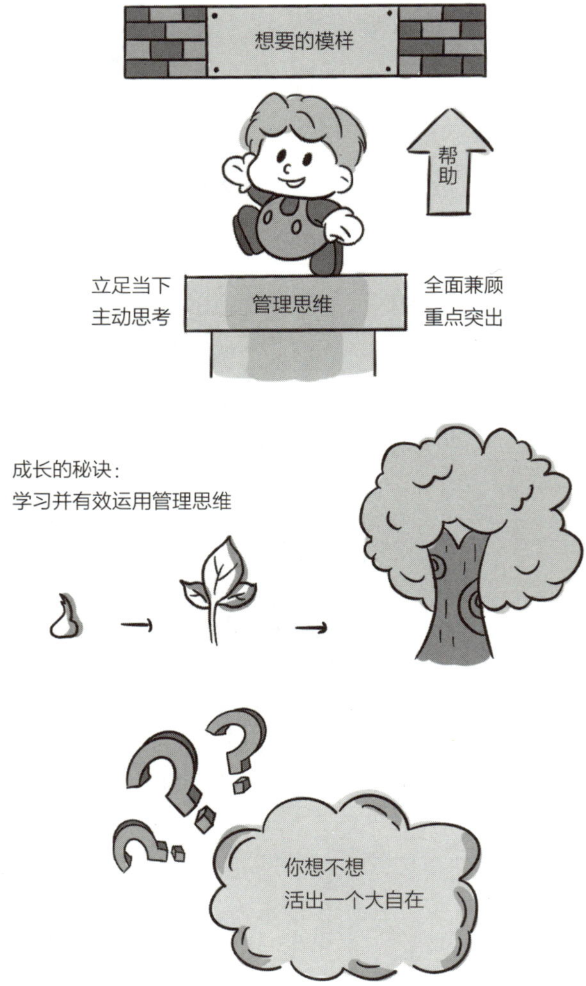
想要的模样
帮助
立足当下
主动思考
管理思维
全面兼顾
重点突出
成长的秘诀：
学习并有效运用管理思维
你想不想
活出一个大自在

二、打造职业好平台

就像跑者离不开赛道，舞者离不开舞台一样，想要塑造自己的形象或者打造个人品牌，我们需要打造靠谱的职业平台。评价一个职业平台好不好，不能只从自己的角度看营收、利润、薪酬、福利等冷冰冰的且具有功利性的数字，更要看到个人和平台之间相互作用、相互成就的共生关系。这里“共”的基础，就是企业的使命（为了什么）、愿景（要成为什么）和价值观（看重什么）。老字号同仁堂能延续百余年，与其“同修仁德，济世养生”的初心使命，“有健康需求的地方就有同仁堂”的战略愿景，以及“修合无人见，存心有天知”“品味虽贵必不敢减物力，炮制虽繁必不敢省人工”的行为准则是息息相关的。没有这些“旗帜”的企业，其经营就会缺乏思想指引，也许会在短期内辉煌，但是终将衰败，难以持久。老板最多是个暴发户，成不了企业家。

把企业的宏伟愿景落到实处，那么经营目标就是赢利，而且是持续赢利。要想赢利，就得从两个方面着手：开源和节流。如何节流，由企业自己决定。但说到底，钱是挣出来的，不是省出来的，因此还必须清晰界定哪些钱是该挣的，哪些钱是不该挣的。如果该挣的钱没挣到，那很可能是丧失了一个机会，而不仅仅是丢了一个订单。如果挣了不该挣的钱，那很可能迷失了方向，而不是获得了更大的收益。

接下来，我们重点聊聊开源之道，也就是怎么赚钱。你会发现，钱其实都是客户给的，一个产品或项目的价值如何，最终还是客户说了算。对照前文，客户就是我们的“贵人”。在满足客户表面需求（标书上写的）的同时，还需挖掘客户的内在需求。这样不仅能赚到钱，还能让客户满意，让其成为我们的口碑传播者，甚至推荐新客户。公平交易、互利共赢，赢得客户的认可，才是持续赢利的王道。使用不正当的手段欺骗客户，最终都只会自食其果。

“五加二，白加黑”，还是“少干活，多出活”？我们每年第四季度走访大型企业，看到几乎家家都在加班。“大干一百天”属于简单粗暴地延长工作时间、增加劳动强度，以满足客户需求。如果遇到个别紧迫任务，工作人员就会更加疲于奔命。这是我们不希望看到的，背后既有内部计划安排不到位的因素，也有产业链供需协同不力的因素。反之，通过采用各种技术（工程技术、管理技术）优化决策过程和劳动工具，就可以提高工作效率。只有在不增加甚至减少劳动时间、降低劳动强度的情况下增加有效产出，做出好产品，提供好服务，让客户说好，才是管理的价值。

我们应该坚信人是不可靠的，还是“为了人，依靠人”？如果把人视为机器，甚至认为人还不如机器可靠，那就会选择用机器替代人，通过建“黑灯工厂”实现车间现场无人化。或者像早些年的某啤酒公司，一线员工工作 40 年，其职责就是把铁片原料放在砧板上，用模具型的锤子砸下去再抬起来，从而做成一个瓶盖。这个分工够细致，但是把人“与生俱来的内在的劳动需要”变成了“谋生的手段”。如果发生技术革新，这个岗位的员工以后将无法继续从事类似的工作。在运用技术的过程中，需要把人作为系统的一部分，而且要注意发挥人的主观能动性，突出对人的培养和塑造，让“人”驾驭“物”，实现组织和员工的共同发展。让员工都成为自己想成为的人（基本人设），而不能把人与机器同等对待，更不能把人变成机器的附庸。提高效率不能光靠细化分工，还要提升人的能力，实现人的全面发展，也就是要打造更强的工作团队。

学习并有效运用管理思维，将助力企业和你协力并进，共同实现可持续发展，进而达成企业的愿景目标及个人的人生理想。

贴士：AI 时代，咨询服务产品化是否可以实现

管理咨询服务是否能够实现真正的标准化与可复制？这种服务又如何适应不同规模和复杂性的项目，具有一定的可扩展性呢？实现这个期望最大的困难与挑战又是什么呢？

笔者以为，这些疑问可以归结为一个已经讨论多年的话题：咨询服务产品化。如果是从基本框架、原则方面考虑，或者是特别琐碎的问题的解答，咨询服务产品化都是有可能实现的，因为它们的通用性比较强。但是，如果要求结合企业的具体业务场景，提出

一套具备一定系统性、针对性和整体性的解决方案，那就会有比较大的难度了。此外，这个难度会随着客户期望的提升而提升。目前，AI 技术和数字化系统发展迅速，对咨询服务产品化形成一定的加持，但是短期内无法替代专业人士的作用。因为客户说出来的只是表面意思，他实际上想表达什么意思（隐藏的甚至是他自己也没有意识到的），系统很难做到准确的理解。专业人士的优势在于能够根据实际情况调整方案，达成和客户的同频共振，从而突破语言表达的局限性，从整体上把握客户的内外需求。从目前的技术条件看，要实现人和机器的高频共振，似乎还不具备可操作性。想让 AI 把所有情况都考虑进去，也不是完全不可能，但是那样一来，对算法、算力的要求就太高了，目前还无法实现。

根据李开复在《AI · 未来》短视频节目中提到的二维坐标所示，管理咨询属于强社交和有创意 / 决策型的职业，如果管理顾问能比较好地利用 AI，被替代的可能性是相对较低的。

漫画解文

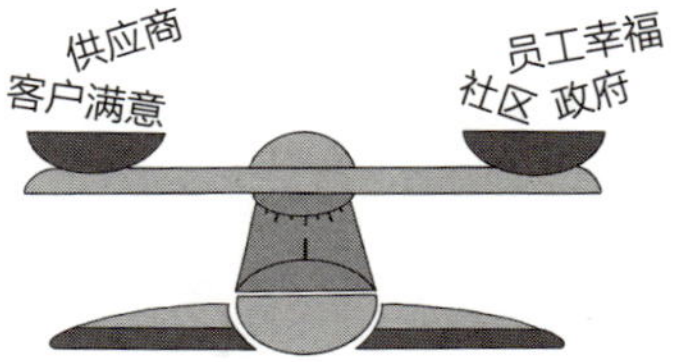

管理要服务于人的需求。

第 二 章

CHAPTER 2

“学而不思则罔。”管理思维强调的是认知维度的拓展，而不仅是知识的简单积累。过于痴迷对具体知识的获取，可能会使自己的思维固化，专注事物的表象，难以深入理解和把握普遍规律。这种人大概率会被人工智能时代的大潮所抛弃。

第一节
初级的 3 维视角

点、线、面、体是几何学的基本概念，是常识，无须多费口舌解释，大家也都懂得其中的逻辑关系。回归到这个最根本的点上，可能让大家更容易把握管理思维的初级 3 维视角。

一、懵懂 0 维：以自我为中心

娇生惯养的孩子往往比较“独”，这在独生子女时代非常常见。所谓“独”，就是“唯我独尊”，感觉自己是世界的中心，希望外部所有的人、事、物都围绕他来运转。按照人的正常成长规律，这种现象通常出现在一个人三岁之前的阶段。彼时孩子被家人们保护得严严实实，跟外界接触的机会不多。诚然，有的人虽然年岁颇高，但其社会心理年龄却如同稚嫩的三岁孩童，举手投足间流露出幼稚的行为特征。此等情境下，他们的思维仿佛被禁锢于原点，缺乏广度与深度，因此可以称为“0 维”，小气、没格局。

漫画解文

此阶段的思维停留在原点，这是典型的 0 维——一切以自己为中心。

二、1 维：看到“左右”的伙伴

随着不断长大，绝大多数孩子都会上幼儿园，开始与同龄小伙伴共同探索游戏的世界（想象一下，这就像一群大人携手完成一项宏伟的工程）。这段宝贵的时光，不仅让孩子有了朋友和伙伴的基本概念，还让他体验到了团队合作的真谛：每个人都像拼图中的一块碎片，都有自己的长处和缺陷，更有自己独一无二、不可或缺的价值。只有准确定位、互补余缺，大家才有可能共同拼出一幅完整的图像。离开了其他碎片的配合，单个碎片什么都不是。通过这样的互动，孩子知道了：自己有需要，别人也有需要，这就有了协调的必要。自己需要别人，别人也需要自己，这就有了互助的必要。因为此阶段的思维已经朝着“左右”横向打开了，所以可以称为“1 维”，即拥有线性思维。

德鲁克曾说：“企业的目的必然存在于企业的外部。事

实上，它必然存在于社会中，因为企业是社会的一个器官。”这个价值，如同小朋友完成拼图的目标。同一个部门或者项目团队的成员，就是彼此的伙伴；同一个单位的不同部门或者业务单元的成员，也是彼此的伙伴。虽然大家的岗位职责各有不同，但是并没有轻重之分。想想前文中说的拼图碎片：离开了其他碎片的配合，单个碎片无法成事。大家只有定位准确、协作紧密，才能创造出有价值的工作成果。这个过程中，只要坚守做人的原则和底线，不同岗位的员工就不会产生鸿沟或壁垒。

漫画解文

随着年龄的增长，思维也要同步拓展！

幼儿园
三岁啦，走进幼儿园。
老师，我先试试。
谁先丢呢?
与小朋友一起做游戏
比在家里开心！
来！我的玩具随便玩！
此刻，萌萌眼里不再只有自己。
每个人都有自己的长处和缺点，更有自己
独特的、不可或缺的价值。

照顾小伙伴的需要，不代表要突破自己的底线。

此阶段的思维已经从“左右”横向打开了，
可以称为“1 维”，即线性思维。

三、2 维：看到“前后”的供需

处于此阶段的孩子就到了可以打酱油的年纪。比较能干的小朋友可能真的会被妈妈派出去“打酱油”，毕竟缺了料是做不成饭的。买对了当然好，但是如果小朋友过于腼腆或者过于自信，直接从货架上拿东西而没有询问售货员，那也有可能拿回来的不是妈妈当下做饭所需要的酱油。此时，孩子就会有挫败感，觉得自己好没用。之后再跟着妈妈去商场，就会像《少年闰土》中的“我”，知道西瓜是从地里种出来的，还拥有危险的经历，不再只知道它是在水果店里卖了。孩子经常下楼玩耍，看到了保洁员辛勤工作，就知道了垃圾并不是被丢进垃圾箱就完事了，它们还要被运去别的地方。这使他接触和参与了更加复杂的“游戏”，不只是和亲密的小伙伴一次性地合作，完成一个作品，而是和外部组织协作、分阶段逐步完成一个任务。于是，小朋友知道了：自己和家人（或者小伙伴）作为一个整体，并不是在一个封闭的象牙塔里各自存在，还需要外部组织和个人，也就是常说的“我为人人，人人为我”的社会场景。因为此阶段的思维已经从“前后”纵向打开了，是第二个维度。如果加上前面的“左右”，可以称为“2 维”，即平面思维。

在前后协作的链条上，如果处在链条的前端，企业拿到的就是原材料或毛坯，提供的是半成品。例如伐木场，面对的是生长的树木，出产的是圆木；如果处在链条的中端，企业拿到的就是初级半成品，最后要交出的是高级半成品。例如木材加工厂，拿到的是圆木，出产的是板材；如果处在链条的末端，企业拿到的就是半成品，最后要交出的是成品。例如家具厂，拿到的是板材，出产的是可用的家具。为企业提供原料和半成品的是供应商，接受他们半成品和成品的是客户。没有供应商提供的原料和半成品，企业就是“巧妇难为无米之炊”；没有客户接受企业的半成品和成品，企业就无法实现社会价值。2010 年年初，我国出现了第一家团购网站，到 2011 年 8 月，我国有超过 5000 家的团购网站，而现在只剩下了寥寥几家，一只手就可以数得过来。美团公司（后简称“美团”）合并了比它创立更早的大众点评网，其中相当重要的一个因素就是：当很多竞争对手都只盯着市场占有率的时候，美团却同时抓住了商户想要快速回款的心思，首创“自动结算”机制，确保 3 天内完成对账和到账，让钱款能更快地转入商家手中，从而建立起了一个规模庞大、忠诚度高的商户网络。

漫画解文

时光温柔，萌萌慢慢长大。

转眼间，萌萌顺利毕业，面临着职业的选择。

2013 年，萌萌成为一名室内美学体验官。

15 天后

30 天后

每天的工作忙碌且幸福：与客户确认喜欢的风格，确定装修的预算等。

行啊！
好的！！
没问题！
客户给卧室墙面选了香盈藕粉色。
美美家具吗？我需要订购一张胡桃木材质的餐桌。
洋洋卫浴吗？花洒可以定制花瓣形状的吗？
还好家具、卫浴等商家提供定制化服务，不然“幸福港湾”如何从图纸变为现实？

假如客户没有需求，那么“室内美学体验官”这个职位也无法应运而生。

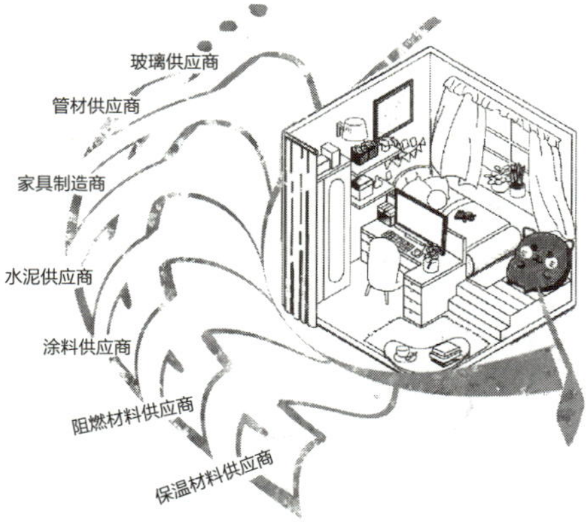

假如各类商家不提供产品，『幸福港湾』只能停留在纸面上。

供应链的每一环都是不可或缺的！

此阶段的思维已经从“前后”纵向打开了，
可以称为“2 维”，即平面思维。

要明确自身需求，了解自己的前后供应链。

四、3 维：看到“上下”的支持或约束

天高任鸟飞，海阔凭鱼跃。天空与海洋，既为鸟儿与鱼儿提供了空气和水的养料，也为它们设置了活动的界限。在这个界限里，它们可以自由自在地活动，然而，一旦跨出这个界限，便可能无法生存。

某天天气晴朗、风和日丽，小朋友们一起出去玩。他们一起到户外放风筝，开始玩得挺开心，跟着风筝跑啊跑，不知不觉跑出了开阔地带。坏了！风筝被电线（或者树枝）缠住了，真是扫兴。又或者，突然之间，风停了雨来了，风筝被打湿了飞不起来了。再或者，没了风来了雨，再好的技术也使不出来。收起家伙什儿，小朋友们找了个就近的亭子躲雨。天气好转后小朋友们想接着玩时，发现风筝的支架掉了一根棍，找不着了，风筝没法用了。于是，孩子们知道了：在 2 维平面的系统之外，还有“超系统”（组织的上级组织或外部环境因素），它是决定事物最终发展的天花板，是不以个人意志为转移的不可抗力。下面还有“子系统”（下级组织或事物的组成部分），也就是顶层策划时容易忽略的具体细节。如此一来，孩子们的思维就向“上下”垂直打开了，属于第三个维度。如果加上前面的“左右”和“前后”，可以称为“3 维”，即立体思维。

对于企业经营管理而言，国家政策在很多时候就代表着支持和约束。有了政府主导的水、电、路、桥、网等基础设施建设，企业才可以顺畅地谋划和开展业务；有了国家的大力支持，企业才可以在规范的市场环境中和便利的政策支持下继续运营。企业员工的一言一行、设备的一开一关等具体事项、行为等细节，至关重要。有时因为员工的某句话或者某个具体动作，客户就认可一家企业，签约订单；有时因为设备突然宕机、某个零件没有按时到货或者某个数据缺失，就可能导致计划节点失控，失去潜在客户。

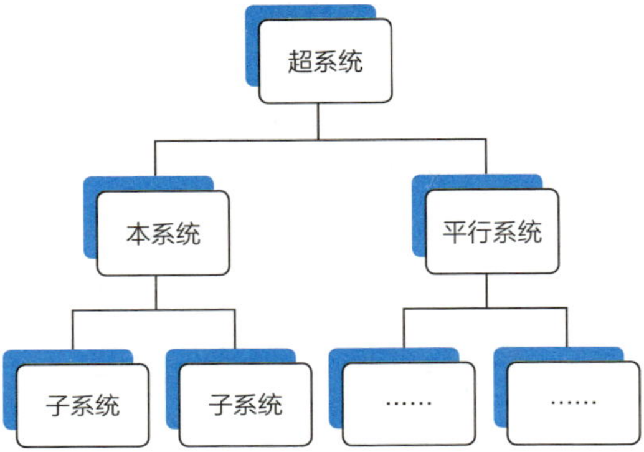

漫画解文

您放心，我们 20 个人的团队工作包您满意！
萌经理，我这房子就交给你了！
完了，定制橱柜尺寸报错了。
橱柜图纸
年中，因为一个突发事件，企业失去了一位大客户的订单。

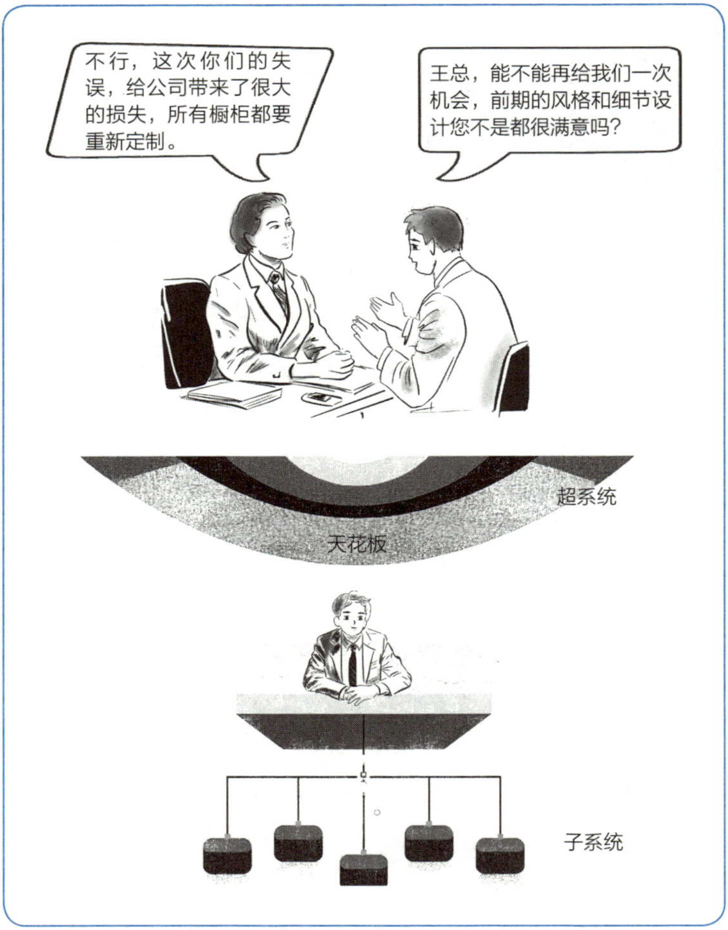
不行，这次你们的失误，给公司带来了很大的损失，所有橱柜都要重新定制。
王总，能不能再给我们一次机会，前期的风格和细节设计您不是都很满意吗？
超系统
天花板
子系统

2021年，在新冠疫情和经济大环境改变的双重影响下，装修行业继续呈现低迷下行态势，萌经理感到前所未有的迷茫。

团队只剩 6 个人了，看来“超系统”是天花板，是不可超越的。
具有最终决定权的是超系统，它不以个人意志为转移。

您面临哪些“子系统”？

您面临的“超系统”又包含什么？

第二节
更高的认知维度

接下来，我们将进一步提升我们的认知维度。辩证唯物主义认为：世界是物质的，物质是运动的，运动是有规律的。下面要讲的综合3维、4维和5维符合辩证唯物主义。

一、综合3维：看到气度和格局

把左右、前后、上下这三个维度结合在一起，就形成了较为完整的认知框架，其中涵盖众多要素及相互关系。熟练掌握并有效运用这一框架，就能够站在合作的立场上，有效把握和处理人和人、事和事的关系。在产生分歧时，应坚持求同存异，反思我们之间的共同点在哪里，逐步地确认和扩大共识而不是扩大分歧，包容差异而不是制造对立。在发生冲突时，反思事情之间的联系在哪里，坚持抓住主要矛盾，逐步地建立和扩大联系而不是扩大冲突，更不能故意割裂事物。如此一来，思维格局就会逐步打开。

随着大数据、云计算、物联网等信息技术的加速发展，数字经济呈现蓬勃发展态势。公众获取信息与知识的渠道愈发多样化，信息的获取渠道变得更加畅通，传统工业经济时代的物理壁垒逐渐被打破。相关方掌握的信息日趋对称，推动了企业管理的重塑：驱动企业增长和经济发展的主要动力从物质要素转向数据（知识）要素；企业与市场的关系从简单的买卖关系转变为共创共享的生态关系；领导与下属的关系从指挥关系转变为一起成长的命运共同体关系。

不同单位、部门、个体的利益诉求有时会出现差异，甚至是冲突。如果因此就“各人自扫门前雪”，就必然会形成隔阂，造成业务衔接配合的空档出现，难以有效满足客户需求。由此造成企业效益下滑的后果，让大家都成了受害者。当然也不能走另一个极端：投入大量精力给别的单位或部门善后，反倒耽误了自己的本职工作，得不偿失。唯有在坚守底线的同时，深入理解并尊重他人的合理诉求，寻求共识，才可以保障好大家的根本利益。拿企业管理创新示例来看事务之间的关系：如果过度突出管理方法和工具本身，就会进入割裂的误区，导致无法满足企业经营的实际需求。只有为每一种方法和工具做好价值定位，明确它适合解决的问题范围，我们才能基于经营目标来选择合适的管理方法和工具。

漫画解文

以“我”为原点，分别向左右、前后、上下三个方向延伸，此时是初级的 3 维管理视角。

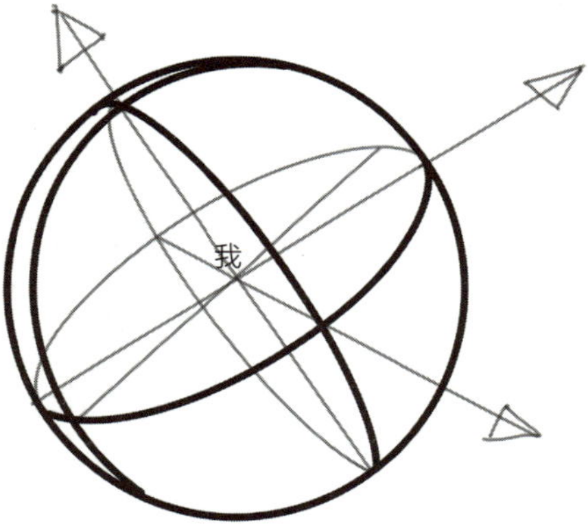

此 3 维视角包含了很多种要素以及各要素间的关系。当遇到了观点不一致、矛盾甚至冲突的情况，该如何处理呢？

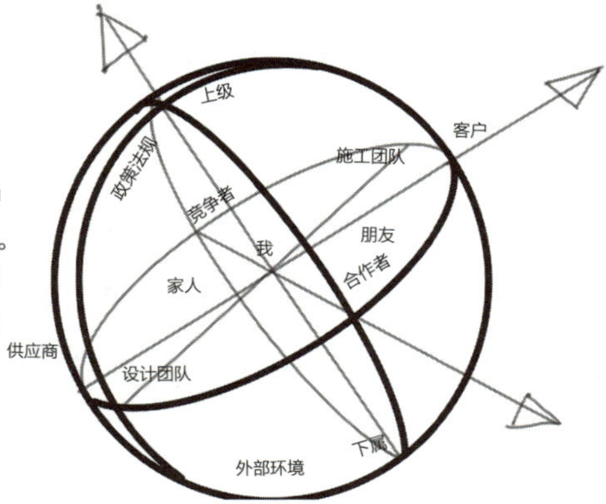

其实还有更高维的管理视角。

在 1955 年 4 月 18 日至 24 日的万隆会议上，亚非国家和地区的政府代表团都呼吁扩大合作，促进亚非国家间的经济和文化交流，促进世界和平。

美国为了阻止会议召开，把矛头对准新中国，极力挑拨国家间的关系，人为地制造恐惧和疑虑。

会场气氛骤然紧张，中国代表团如何回应受到高度关注，如稍处理不慎，会议将陷入混乱。

周总理在发言中直接表明观点，“中国代表团是来求团结而不是来吵架的”“是来求同而不是来立异的”。

从万隆会议中我们能够学到：处理矛盾与冲突应当坚持的基本原则是“站在合作的立场”。

萌经理凭着这一则心法得到了更多顾客、同事的信任。

在产生分歧时，应逐步地确认和扩大共识而不是扩大分歧，更不能制造对立。

不解决问题，反而解决提出问题的人，这种事情可千万不能出现。

在发生冲突时，应反思事情之间的内在联系，坚持抓住主要矛盾，逐步建立和扩大联系而不是扩大冲突，更不能故意割裂事物。

上面千条线，下面一根针。

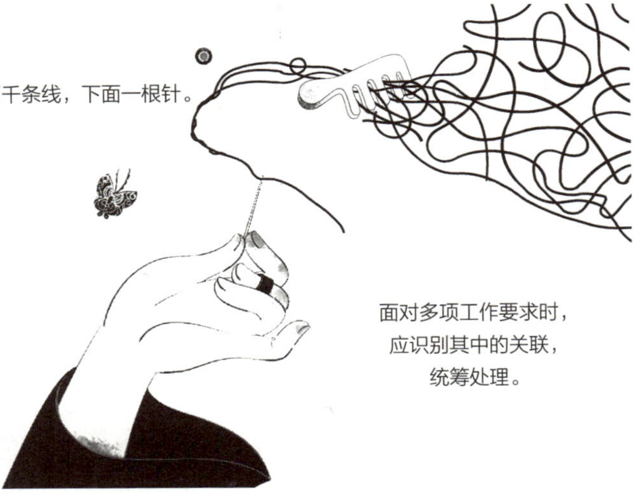

面对多项工作要求时，
应识别其中的关联，
统筹处理。

二、4 维：看到动态的变化

综合 3 维是静态的。加入时间维度，它就可以“动”起来。加入时间维度来思考，我们就会发现，世间万物皆处于运动与变化之中，我们不能以静止的视角去看待人和事。

通过日常观察我们就会发现：如“方仲永”般的天才，如果不接受后天教育进行学习，也会“泯然众人矣”。小时候没有接受过正规教育的爱迪生，通过自学和研究，也能成为发明家。教别人健身的教练马华，因为无视身体的警告信号，以致在 42 岁的好年纪猝然离世；笔者的老父亲从小体弱多病，而且看上去总是给人以羸弱的感觉，但是因为把握好了自己的生活节奏，最终得享 95 岁高寿。

熟练掌握时间维度，就能以“发展的眼光”全面把握人和事的运动变化规律。在看到某些人的当前表现很好或者很差时，就不会轻易做出绝对化的判断（尤其是对年轻人）。于人而言，古语云“其兴也勃焉，其亡也忽焉”,《桃花扇》中提及“眼看他起朱楼，眼看他宴宾客，眼看他楼塌了”，说的是其中一方面的意思；“不鸣则已，一鸣惊人”，说的是另一方面的意思。于事而言，有人说“有条件要上，没有条件创造条件也要上”，强调的是创造条件，一旦条件具备了那就可以做事。保持战略定力，让子弹飞一会儿，并不是说无所事事，而是不急不躁，缺乏条件就创造条件，缺乏能力就弥补能力，在这个过程中静待时机。加入了时间维度，就将思维“动态”扩展了，所以可以称为“4 维”。

2015 年年初，笔者曾经去业内某家单位调研。该企业彼时刚刚获得了央企集团人力资源管理创新成果一等奖，领导干部们都十分满意。笔者在现场看到员工工作状态欠佳的一些迹象，就提了出来，得到了一句轻描淡写的“那都不是事儿”。他们觉得一切都挺好，但真的一切都好吗？

接下来的 2016—2018 年，该企业效率低下，产品交付滞后，连续亏损。加上历史潜亏、欠缴五险一金等问题，企业被上市公司剥离，被国资委列为为数不多的挂牌督导重点亏损企业。这时候，看起来似乎一切都完了。

然而，2019—2021 年，通过组织绩效管理等创新活动，该企业充分调动了广大干部职工的积极性，明显提升了工作效率和管理效能。2022 年，在从业人员较 2018 年减少 1000 多人、任务量增加 50% 以上的情况下，该企业实现了合同准时履约率从不到 10% 攀升到 95%，关键配套项准时交付率达到 100%。尽管受到疫情影响，该企业仍连续 4 年实现了净利润、经济增加值（EVA）增速远大于收入增速，同时实现了利润和劳动生产率的大幅提升，两金（存货和应收账款）及占比（这两项资产占总资产的比例）、成本费用率持续压降。

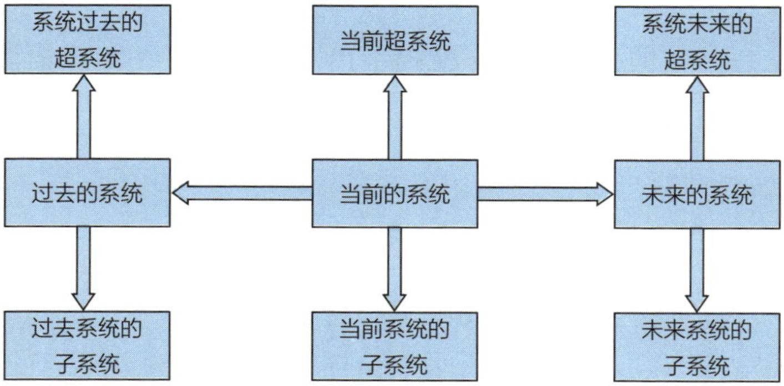

漫画解文

2018 年以前，在装修行业蓬勃发展的时期，萌经理不认为躺着就能赚钱，而是注意能力提升，从而获得了客户的认可。

2021 年后，装修行业发展不景气了，但萌经理不认为职业生涯到此结束了，他认为人们对更加美好居住环境的向往是不会消失的。

第二则心法是“运用发展的眼光”。
萌经理说，要辩证地看待“眼前”与“长远”。

在看到某些人的当前表现很好或者很差时，不要轻易做出绝对化的判断，尤其是对年轻人。

当有人表现极其优秀时，萌经理会考虑他的“优秀”能否持久。

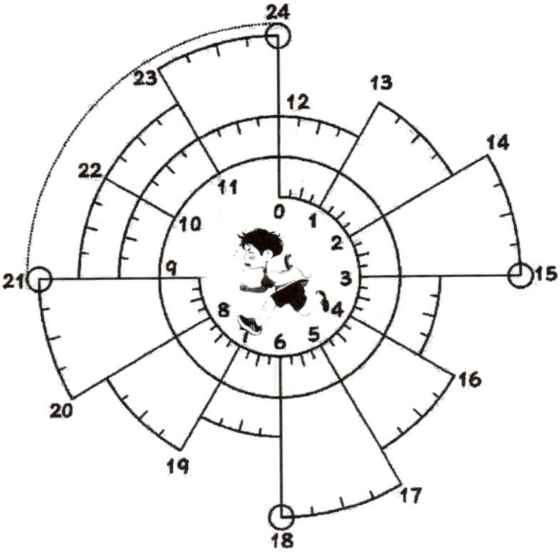

内卷式的“优秀”不可取，毕竟人的精力是有限的。

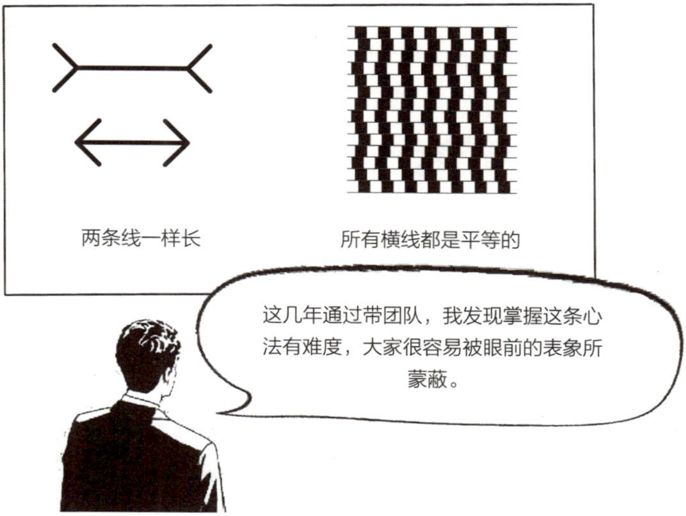

当有人表现不尽如人意时，萌经理会给他一定的时间和资源。

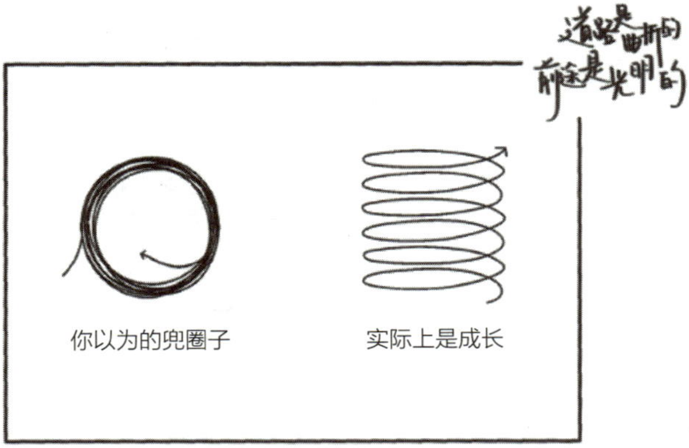

年轻人要相信前途一定是光明的，道路上的曲折、磕磕绊绊在所难免。

不要让内心焦虑，消耗本就不多的热情和定力。

当资源不具备时，不能硬上。

保持战略定力，

让子弹飞一会儿。

并不是无所事事，而是不急不躁，缺乏条件就创造条件，缺乏能力就弥补能力。

三、5 维：看到变化的规律

只是观察、认识或承认变化还不够，更高层次是把握变化的规律，要不然就只能随波逐流了。

把握了变化的规律，也就把握了因果逻辑，就能兼顾问题导向和目标导向，搞清楚还缺什么能力、缺什么资源、缺什么方法或机制，然后由“临渊羡鱼”转为“退而结网”，种好因得善果，让人和事朝着自己期望的方向发展。俗话说“点儿背不要怨社会”，是要我们不认命，还要去改变命运，“点儿背”是说我们目前过得不顺，可能是因为前几年没有未雨绸缪；如果想要以后过得顺，不再“点儿背”，那就要从现在起好好做事，搭好从诸事不顺到马到成功的桥梁。

“曲突徙薪”是一个很古老的寓言故事。从前有一户人家，灶上的烟囱笔直地冲着屋檐，灶口堆着许多柴草。烧火煮饭时，浓烟夹着火星直往屋檐上冒。有人看到这种场景，跟房主说，要把烟囱改成弯的，把柴草堆挪到更远的地方，要不然容易着火，可是过来人的话，没经历过的人是听不进去的。房主没采纳他的意见，不久后房子真的着火了。事后房主设宴答谢参与救火的邻居，并未邀请当时提出劝告的人。有人说：你更应该感谢事先提醒你的人，如果你当时按他说的做了，也就不会经受这个损失，我们也不会这么焦头烂额的了。

这两张图，很直观地展示了高维度认知与低维度认知的现实差异：如果按规律去做，他就可以从容自在；没有按照规律去做，结果就是焦头烂额和财产损失。从解决问题的角度看，要想避免再次出现遇到过的窘境，比如品质

问题或安全事故，关键在于深入剖析、精准定位事故起因，进而逐一消除隐患；从实现目标的角度看，则需深入剖析、准确把握推动目标达成的关键因素，逐一创造条件。加入这种因果逻辑认知，他的思维就向“深度”进化了，所以可以称为“5 维”，即逻辑思维。

有一个老掉牙但是很契合的例子：

设备为什么停了？因为超载了。

为什么超载呢？因为轴上的润滑油不足。

为什么润滑油不足？因为油泵发生了故障。

油泵发生了什么故障？是传动轴磨损了。

为什么传动轴会磨损？因为滤油器上有铁屑。

把铁屑清掉，问题就解决了。

站在 5 维来看，这只是“治标”。我们还可以继续追问“铁屑是从哪里来的”，如果把铁屑的来源问题解决了，大概就可以“治本”了。一旦全面且准确地掌握事物内在的演变规律，我们就可以兼顾治标与治本，指哪打哪，而不会到最后发现事与愿违、悔不当初。治标还是治本，以哪个为重，要看具体时势并且结合辩证思维。如果问题错综复杂，我们就优先解决表象问题，兼顾治理根本问题，避免因为对“本”的争议而陷入无休止的辩论之中；如果问题简单明了，短期内不太可能造成严重后果，也不太可能引发更多的次生问题，我们就把治本放在首位，治标作为辅助。

漫画解文

萌萌只是个普通员工时，为什么能得到客户的高度认可？

萌萌被提升为经理时，为什么能得到团队成员的拥护？

大多数成功或失败并非偶然，
而是存在一定的因果关系。

萌经理常用的心法是
“把握因果逻辑”。

原因
结果
原因
结果
当出现问题时，萌经
理总会“打破砂锅问
到底”。

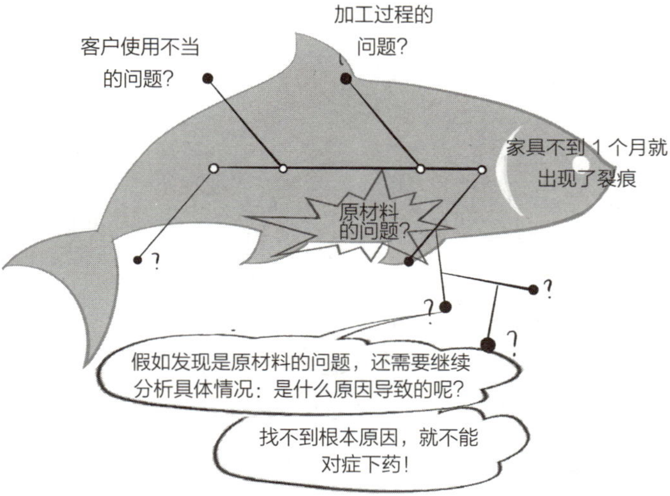
加工过程的问题?
客户使用不当的问题?
家具不到 1 个月就出现了裂痕
原材料的问题?
假如发现是原材料的问题，还需要继续分析具体情况：是什么原因导致的呢?
找不到根本原因，就不能对症下药！

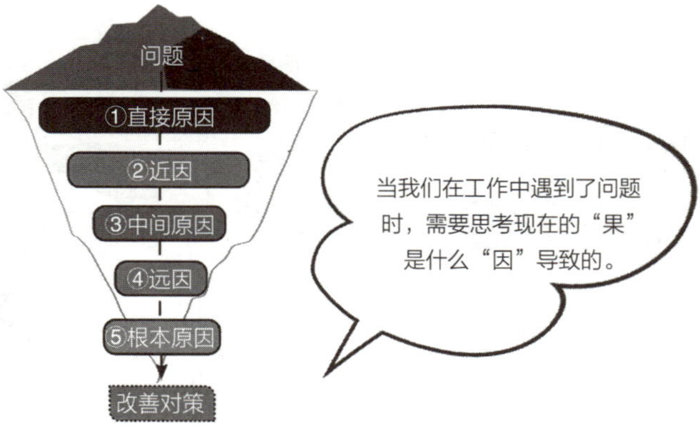
问题
①直接原因
②近因
③中间原因
④远因
⑤根本原因
改善对策
当我们在工作中遇到了问题时，需要思考现在的“果”是什么“因”导致的。

明确目标后，需要先分解其关键因素，
方能做到步步为营。

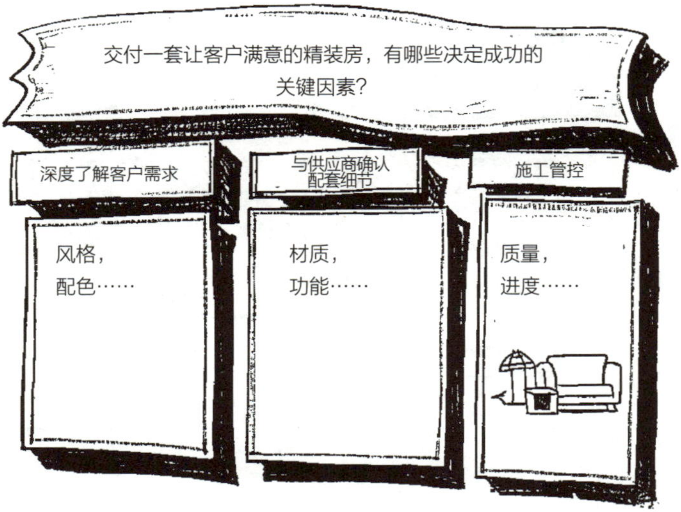

贴士：饭店服务员的管理思维

多年前的某日中午，和朋友在餐馆吃饭。

就在我们聊天过程中，一位服务员端着一盆餐具走过来，结果由于装得过满，一个玻璃杯掉在了地上，摔碎了。

当时，她手上端着一大盆餐具，旁边又都是用餐

的客人，她没法停下来处理，只好径直走了过去。估计是有过视线交流，我马上看到一位领班从我背后经过，走向那堆残骸。接下来就听到领班就近招呼另一位服务员："你先看着，我去拿扫把。"后面的事情就很自然了，不需要再说，大家也都明白。

于是，我们围绕这个事情开始交流。领班让后来的那位服务员先看着，这是治标，以防有人不小心踩上去受伤；她自己去拿扫把，这是治本。治本之前需要做一定的准备工作，所以必须先治标，以免事情恶化。应急公关也是同样的思路。

道理很简单。可惜现实中的很多企业领导习惯治标，甚至通过掩耳盗铃的方式自欺欺人，就好像在残骸上盖一张餐巾纸或者桌布一样。

第三节 常见的认知陷阱

现实生活和工作中的困难很多，主动学习、准确掌握和灵活运用管理思维的人却很少。比较典型的有“脑残粉”、“一根筋”和“面具人”这三种类型的人。此处为了形象化表述，虽然用词不太好听，但是绝对没有道德评价的意思。

一、懒得思考的“脑残粉”

“脑残粉”是网络流行语，通常用来形容那些在情感、思想或行为上表现出极端盲目性的人。

看外观表现有两种类型：一是盲从类“脑残粉”，把偶像或权威当成精神支柱，只要是某个人说的、某个派别说的或者大多数人认同的，就是对的；二是叛逆类“脑残粉”，把反对当成个性标签，只要是某个人说的、某个派别说的或者大多数人认同的，就是不对的。盲从类脑残粉和叛逆类脑残粉看似是两个极端，其实都是一根藤上的瓜：一个盲目追随，一个盲目反对，但共同点都是缺乏对实际情况的理性分析和判断，容易陷入情绪化、极端化。

漫画解文

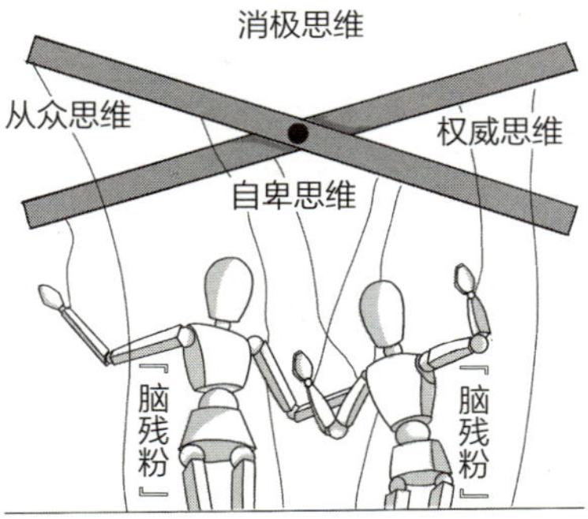

无论在工作中还是在生活中，
都不可盲目自信或失去理智。

现实中我们经常会看到这样的情况。有些人说，同事们都在加班，我也不能走；朋友们都喝星巴克，我也得喝；别人家孩子都上辅导班，我家孩子也得上。还有孩子说：本来我是想去学习 / 健身的，可是我妈一催，我就不想去了。我们并不需要也不可能完全屏蔽环境和他人的影响，但是我们需要想一想：在看到别人做的、听到别人说的之前，我是怎么想的。据此来判断，我们真正想要的是什么。

二、固执己见的“一根筋”

“一根筋”主要是指坚持单一思维，缺乏灵活性，还听不进人劝的群体，可能有“犯轴”（一条路走到黑）、死抠细节（追求完美的强迫症）或者工程技术导向（为了体现技术水准而不考虑实用价值）等多种情况。这些情况在专业技术人员中比较常见。

“犯轴”。在开发一款软件时，某工程师坚持使用过时的编程语言，尽管团队成员多次建议更换更现代的语言以提高效率和兼容性，但他坚持己见。他认为这种语言是自己最熟悉的，能够保证代码的稳定性，并且对团队提出的性能瓶颈和后期维护问题置之不理。最终，项目在测试阶段暴露出严重的性能问题，且由于语言过时，后续维护成本极高，导致项目进度严重延误，客户对结果非常不满意。

死抠细节。在制作一款高端品牌的海报时，某设计师反复调整字体间距、颜色搭配和图像比例，力求达到完美的视觉效果。尽管客户对初稿表示满意，并催促尽快交付，但他认为细节还不够完美，继续花费大量时间进行微

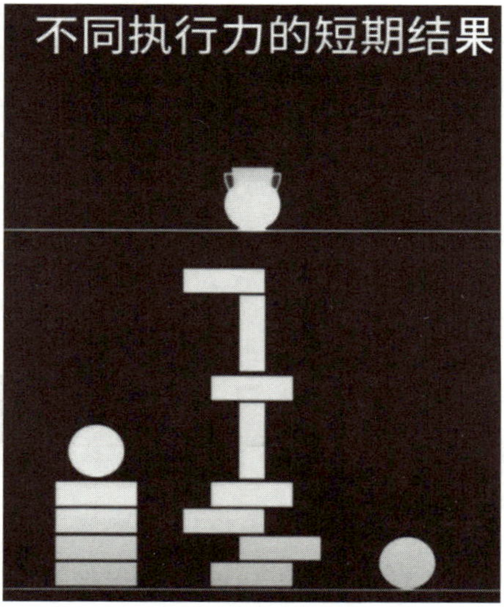

调。他甚至多次重新设计已经定稿的部分，导致整个项目进度拖延了两周。最终，海报虽然视觉效果出色，但由于错过了品牌发布的关键时间节点，客户对结果并不完全满意。就像我们用来垫脚登高的砖块，只要垒得稳当不至于让我们摔下来就行，完全没必要垒得整齐得像砌墙一般。

工程技术导向。在开发一款智能家居设备时，某研发团队决定加入大量复杂的功能和高科技元素，如人工智能语音识别、复杂的自动化场景设置等。虽然这些功能在技术上非常先进，但普通用户在实际使用中发现操作过于烦琐，很多功能并不实用，甚至难以理解。尽管团队在技术展示会上获得了同行的高度评价，但产品上市后销量惨淡，用户普遍反馈产品“华而不实”，最终导致公司不得不重新调整产品定位。

漫画解文

看不到事物的变化，
一直停留在过去的认
识和判断里。

长期主义并不是一味地坚持。
有时候，放弃也是长期主义。
在正确的道路上
坚持才有意义。

三、得过且过的“面具人”

“面具人”主要是指错误地认定“走完过程就能达成结果”“达成结果就是实现目标”的群体，可能有“轰轰烈烈搞形式，扎扎实实走过场”，还可能有“为了达成结果不择手段”等情况。这些情况在行政管理人员中比较常见。

某央企下属公司在推动管理创新专项工作时，脱离了自己业务的实际开展情况，完全对照集团公司下发的评价标准，针对每一个采分点设计流程和表单，看上去该做的好像达到了标准要求，但实际运行后却没有取得任何管理提升的效果。另一家研究院则不然——他们先认真理解指标代表的真实意图，结合自己的业务工作进行改进提升。之后再对照评价标准查漏补缺，既达到了整改标准，也提升了管理流程的效率，得到了评审组的高度认可，给出了“没有直接提及标准，但是全面对标标准”的评语。

某央企曾经提出“做大规模”的目标任务，但是在面向各下属单位制定绩效考核指标时考虑得并不全面，没有区分主业与非主业，而是用“营业收入”作为考核的硬性指标。于是，一些单位的领导为了完成硬性任务，开展了房地产开发、大宗贸易等额外业务。其中有一家仅有 40 多名员工的小型公司，当年营业收入居然高达 45 亿元，一时间风头无两。然而物极必反，这家公司由于垫资过多，没能如期全额收回，最终被破产清算。

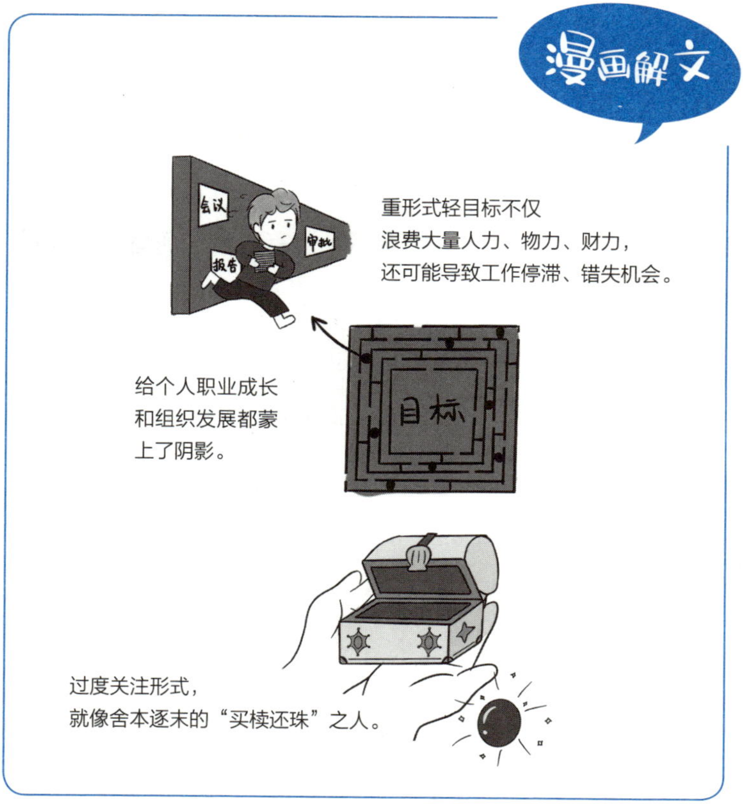

第三章

CHAPTER 3

我们描绘了人的认知从 0 维到 5 维的台阶式跃升。有些同学可能会说，这不就是修炼和提升管理思维的路径吗？实则不然，“你以为的”其实并不是你以为的那样。工作和生活中所面对的现实情况与“象牙塔”中的纯真差距很大。不同于物理或化学实验室，它不会提供一个预设好的、理想的成长舞台，供我们按部就班地成长。所谓不能按部就班，是说我们不可能在处于 1 维拓展“左右”到极致后再从“前后”看 2 维。为什么呢？回想幼时，我们的视野局限于身边的小伙伴，这是自我认知向他人认知的初次跨越。随后，视野逐渐拓宽，我们还会从自己班级看到其他的班级，从自己的学校看到其他的学校，从自己的单位看到其他的单位，从自己所在的地区看到其他所在地区，从自己的国家看到其他的国家……由此可知，我们也不可能等到“前后”拓展到极致后再走到拓展“上下”的 3 维，以此类推。

只有躬身入局，在做好工作、生活中的每一件大大小小的事情的过程中体会其中的管理逻辑，我们才能让自己的认知在某一个维度上得到拓展，甚至更进一步得到维度的跃升。这一过程中，各维度的拓展与跃升往往充满变数，很难保持长期的平衡：有些经历，可能让我们的认知在某个维度上得到些许拓展，而另外一些体验，则有可能让我们的认知在另一个维度上得到显著的拓展和跃升。

从企业管理的角度看，对经济环境和市场竞争的响应速度，很大程度上取决于企业决策流程的效率。快速收集和处理信息并做出正确决策，已成为数字经济背景下企业的核心能力之一。因此，决策下沉成为必然趋势。唯有让“听得见炮声的人呼唤炮火”，企业才有可能取得竞争优势，获得生存发展。领导者应该清醒地认识到，现代企业员工几乎都是或者说应该是知识工作者。他们应该具备必要的专业知识、经受过特定的专业训练，还需要在工作中运用知识创造新知识。此外，领导者必须坚守“全员都是管理者”的理念，尽最大可能为知识工作者搭建发挥积极性和创造力的平台，使员工能在工作中自主决策并承担责任，而不应该凭借信息优势去控制员工。“全员都是管理者”是一种角色认知，并不意味着每个人都是“卓有成效的管理者”。实现卓有成效不能靠天赋，而应通过学习和实践逐步获得。最终，我们将有可能达到“个体训练有素，整体协调一致，业绩卓尔不群”的理想状态。下面，笔者将结合企业管理的实际工作，通过理顺关系、遵循逻辑、适应场景和推动提升四个小节做具体解读。

第一节 理顺三方面的管理关系

正如前文所说，全员都是管理者，不存在被管理者，所以管理不是管人的。更准确地说，企业管理中不应该存在凭借职位权力或者信息优势压迫、控制别人的情况。管理的对象应该涵盖团队思想、组织资源和流程活动，此三者映射出企业管理中的三类基本关系，即：人与人的关系、物与物的关系、事与事的关系。人与事的关系、人与物的关系以及事与物的关系，可以视为前三个关系的衍生，姑且不论。

一、处理人与人的关系

无论是“兄弟齐心，其利断金”，还是“军民团结如一人”，都明确传递了团结一致的重要性。处理人与人的关系，就要做到团结一致，核心目标是价值定位一致、发展目标一致、行动步调一致，基本原则就是先通过实地调查了解大家的基本想法，然后在此基础上进行求同存异：找出同类项，求取最大公约数。

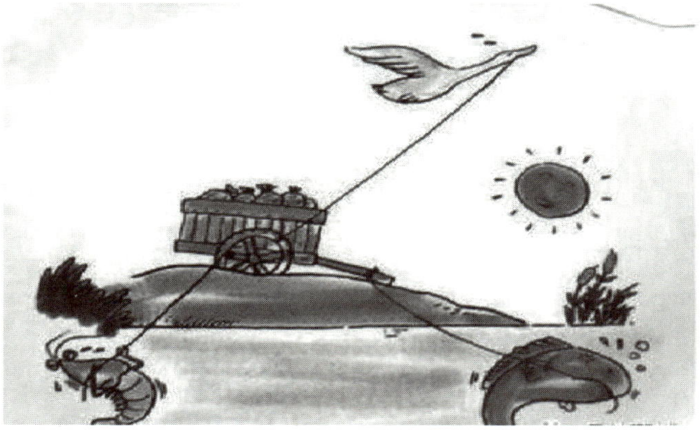

1. 坚守一致的价值定位

彼得·德鲁克说“企业是社会的器官”，又说，“在组织内部不会有成果出现，一切成果都存在于组织之外”。由此得出结论：企业必须跳出小圈子的利益局限，从社会的角度来审视自身的价值。只有这样，企业才可能搞清楚自己该做什么。这个明确定位的过程最能体现“选择比努力更重要”的价值观。企业应该把自己的发展战略融入国家的发展战略之中，否则迟早会被社会所抛弃。

2. 描绘一致的发展目标

虽然找准自己的价值定位很重要，但这可不是只说不干就可以躺赢的。如果能够再进一步，系统地描绘企业发展蓝图、规划综合协同的中长期发展目标，那么企业则更容易统一全员思想，让员工心往一处想、劲往一处使，团结一致向前看，从而促进企业的稳健经营。规划企业发展蓝图与目标时，需要倾听利益相关方的诉求，听听多方的意见建议，全面审视外部环境中的机遇与威胁。此外，结合企业自身的强项和短板，科学合理地评估问题的轻重缓急，然后把目标排出优先级，做好一体化安排。只想“我要什么”，闭门造车，企业就无法长久发展。

“有利于”并不意味着“已经达成”。要让中长期发展目标真正发挥出“统一全员思想，团结一致向前看”的作用，还需要以开放的心态来开展工作。要将员工分散的、无系统的意见集中起来，经过研究，整合为集中的、系统的方法，再给员工宣传解释，让员工有动力实践，见之于行动，并在行动中明确这些方法是否正确。这种工作方式不只适用于企业，也适用于大大小小的项目团队。团队领导也可以用此方法描绘团队的发展蓝图，并精心规划具体的发展目标和重要举措。

个人成长也面临类似的课题，即构建基本人设。在企业的岗位序列中，“长、家、匠”代表了三条典型的发展路径，分别对应不同的能力要求与职业定位。“长”指行政管理人才，比如组长、主任、部长、所长 / 经理等；“家”指技术专家，比如技术员、工程师、研究员、院士等，在专业领域持续深耕，追求技术前瞻性与工程实现；“匠”指技能型人才，比如大国工匠等。如果要成为“长”，最重要的可能是对全局的掌控力；如果要成为“家”，最重要的可能是具有技术前瞻性；如果要成为“匠”，最重要的可能是实操本领。如果能在实践积累的基础上，结合符合自身特质确立的中长期目标，不仅能有效促进个人成长，也将对工作中的活动组织、资源配置产生强有力的引领作用。

描绘一致的发展目标

3. 确定一致的行动步调

如果一个集团的“千军万马”都只等着最高指挥官时时耳提面命，那就会变得僵化，无法对市场需求做出及时有效的反馈。《激荡三十年》中描述了一个典型案例。惠而浦水仙品牌的市场人员发现，滚筒洗衣机在送到客户手中时，滚筒上的玻璃盖子经常被摔碎。按照惠而浦通常的规则，需要研发、产品部门做很多次实验来重新检验产品质量，这需要相当长的检测和产品研发周期。中方基层员工告诉美方说，这种损坏是各地物流工人运送时野蛮装卸所致，因此只需在箱子里装上一块价值不到 2 元人民币的海绵防震垫就行了。可是对美方人员来说，在箱子里增加一块海绵垫是前所未有的“创新”。于是，经过几年的上报、研发和讨论，美方最终还是采纳了中方这个简单却不可思议的建议，而那时，惠而浦洗衣机“质量不好”的声誉早已传遍了全中国。

没有明确的指令，行动就无法步调一致。我们需要建立起个人目标与组织目标相协同的契约机制，包括经济契约和心理契约。华为主张“以客户为中心，以奋斗者为本，长期坚持艰苦奋斗，坚持自我批评”。以客户为中心，决定了华为人在面临地震、恐袭或战乱时，选择的不是避险，而是和客户在一起，保障网络的通畅。以奋斗者为本，决定了华为公司将指挥所建在了靠近客户的一线，让“听得见炮声的人呼唤炮火”。在员工处于危险的工作环境时，华为选择高价聘请专业人士为员工提供定期的心理疏导。

企业文化能够把想法不同、意见不同的人凝聚到一起，为同一个目标而奋斗。

企业文化能统一大家的思想和步调，并有效调和上下级以及员工之间的关系。

二、处理物与物的关系

处理物与物的关系，是对高效配置资源，实现保值增值的一种简化描述。“兵马未动，粮草先行。”要干成事，就离不开必要的资源条件。从经济学的角度讲，资源的基本特征是“稀缺”，所以需要经营。领导者一定要清楚人力、财力、物力和信息这四种资源的实际价值，以及资源之间的配比和关联性，尤其要重视实际事物和事物之间的关系两个方面，让它们充分满足经营活动的各项需要。从短期看，需要什么样的资源条件，是由具体的业务活动和技术路线决定的；从长期看，资源条件的积累有其内在的规律性，它需要与组织的长远目标看齐、对准，并不与具体事项紧密关联。资源条件也有其适用的场景。

早些年笔者在石油建设企业工作时，施工项目多位于远离本部、远离闹市甚至人烟稀少的荒郊野外，资源配置成为一大问题：带多了会造成浪费，影响其他项目的资源使用；带少了不够用，还可能导致停工。动态调整更是棘手——某些人或者设备暂时没有用武之地，是频繁地调入调出，还是就地待命？若按需调配，又容易出现人员或设备到早了或到晚了的情况，均不利于施工进度。

按项目施工，需要电焊机、起重机等大型设备，需要板房、空调、灶具等工作生活设施，需要砂轮机、钳子、扳手等小型工具，还需要钢管、焊条、砂轮片、米、面、油等耗材；要论对企业效益的贡献，电焊机和砂轮片的作用确实不可同日而语，但是哪一样都是不可或缺的。很显然，说起来每一样，大家都会觉得也没啥技术含量嘛，又不是你们施工企业自己生产制造的；但是谈及它们之间的配比和协同关系，一般人很难道出个子丑寅卯。研究它们之间的配比和协同关系，是施工企业项目经理的必修课，尤其要重点考虑人的因素，比如人的敬业程度、人的技术水平等，可能带来设备完好率与材料消耗量的大幅波动，这其中的复杂性自然会倍增！甚至就只看人的健康水平，炎热天气下施工可能会有多少人中暑，有多少人需要送医，都会显著影响车辆配备和调度。

1. 打造团队，确保人力资源的适用

企业经营需要各层各类的人才，不能简单地用人数规模来说明企业善于经营。把人力资源归入“物”的范畴，关注的是人身上蕴藏的劳动力资源，尤其是后天习得的知识和技能，也就是人才的“才”，这并不违背以人为本的基本原理。

人力资源管理是企业经营中的一个复杂课题，简单地说，就是要实现两个方面的目标：一是既要考虑开展当前业务的需要，还要结合培育未来业务的需要，确保有合适的人才可用；二是既要考虑个人才能的充分发挥，还要考虑对其内在潜力的充分挖掘，确保人力资源得到充分利用，减少人才闲置或者错位使用的情况。不同的用工方式，可能产生对高精尖人才或者临时辅助人才“不求所有，但求所用”的情况。大家日常所看到的招聘、培训、制定薪酬和绩效等人力资源管理活动，都应该是围绕以上目标开展的。要具体情况具体分析，并没有绝对的标准。换句话说，拥有什么类型的人才，拥有什么层次的人才，拥有多少名人才，才能算“恰到好处”，是一个需要与业务发展相适配的动态平衡区间，不存在一成不变的固定数据。

2. 推动流转，确保财力和物力资源的适用

笔者曾经听过一个关于“破产”的另类解读：破产，

不是企业资不抵债，而是现金不足以还债，企业需要“破不动产”还债。说句俗话，就是要卖房子卖地了。相对于其他资源，财力和物力资源是两种相对比较容易相互转换的资源，更加具象化，更容易体现所谓的保值增值。相对来说，财比物更具流动性。一般来说，有钱就能买到东西，有东西就可以卖了换钱。这个流转体现了三个具体目标：一是保有经营现金流，既不低于边界导致“破产”，也不能造成过多的资金闲置；二是保有合适的设备、设施、物料，必要时做好重要原材料或者元器件的战略储备，将财转化为物；三是及时处理闲置的设备设施和废旧物资，将物转化为财。

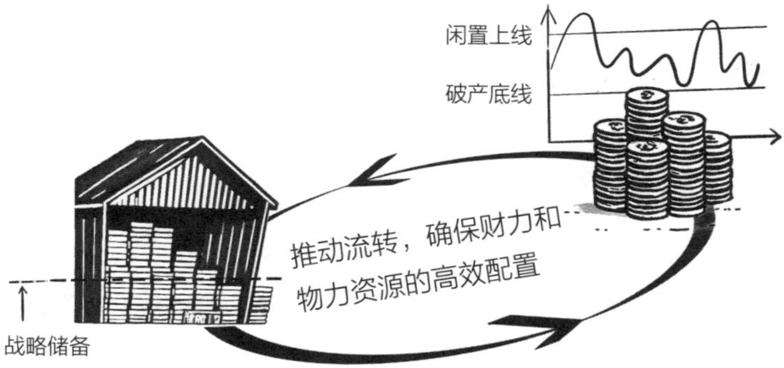

首先，从日常经营的角度看，基本设备设施和物料需要做好日常储备，但是结合保值增值方面来考虑，有些价

值极高或者使用频率极低的设备设施就可以采取“造不如买、买不如租”的策略。例如，航空运输公司采购飞机，为了缓解运营资金的压力，一般都不直接和飞机制造企业做交易，不会一次性付清费用，而是通过专业的租赁公司融资，由租赁公司支付飞机费用，然后定期为租赁公司支付租金和利息。其次，对于常备的设备设施和物料，也不能放任囤积，优先考虑通过提高设备设施等不动产利用率，而非盲目新购以满足业务需要，还要定期开展设备设施的维护、保养、检修，以减少不必要的损坏；对原材料、半成品、成品做好相应的保护，减少储存、搬运、运输中的损失，这些都是保值增值的措施。最后，拿富余的现金做稳健性理财，以抵消通货膨胀的影响；将长期不用的设备设施或物料出租，以提高现金、原材料等动产的周转率，获得增值。

3. 分析数据，确保信息资源的适用

企业制订战略规划时需要了解国际政治环境、国家产业政策、经济金融政策、技术发展趋势、社会文化和生活消费习惯变迁等信息。做市场营销时需要洞悉现有竞争对手、潜在进入者、替代品的技术成本、竞争策略，以及客户的性能需求和具体应用场景等信息。生产加工则需要把握客户交付需求、工艺流程、物料清单、设备状况程度及员工技能水平等信息。采购供应需要产品配套需求、可选供应商目录、供应商信誉、技术水平等信息。同样，人力资源、财力和物力资源的经营维护和保值增值也需要很多相关的信息。有人说，给我所有信息，我也能做出正确的决策。事实上，我们直接拿到的往往只是数据，需要做一定的分析，才可以获得有用的信息。而且，数据往往是不完备的，那就需要当事人根据过往的经验来做一定的推断和补充。

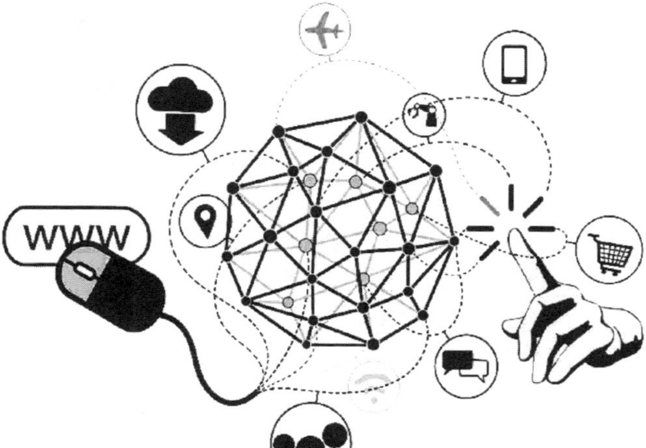

分析数据，确保信息资源的适用。

如何让经验靠得住？那就要有符合事物发展内在规律的底层逻辑作为依托，也就是实事求是，从具体的方法深入，形成具有普遍性的方法论。“太阳底下没有新鲜事”，只是应用场景有差异而已，所以不要重复发明轮子。深入探究事物发展的内在规律，就可以把许多领域打通并连接起来。不同领域的方法和知识相互借鉴，可以达成整合聚变的效果，企业就可以更有效地把握业务发展的脉络。守正创新，就是立足不变的普遍规律，采用适当的变通方法，从而应对环境的变化。

漫画解文

兵马未动，粮草先行。

想要干成事，离不开必要的资源保障。

企业核心资源主要有三类：
人力资源、财力和物力资源、数据资源。

领导者要打造团队，应确保人力资源的合理配置。

领导者需快速地推进财力和物力资源的优化配置。

关注市场，
加快把物变成钱！

经营性现金流是
企业的生命线！

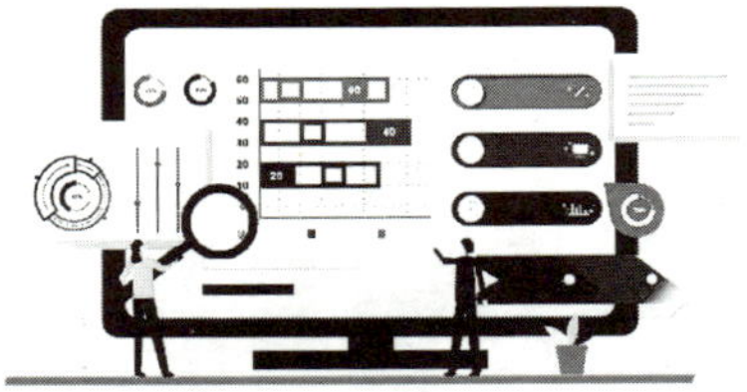

领导者需要通过信息分析做出正确决策。

若掌握充分信
息，便能提升
决策准确性。

三、处理事与事的关系

处理不好生活的事情，人很可能会觉得“一脑门子官司”，而企业管理也类似——一家企业若同时有诸多事务处理不当，同样会陷入麻烦。因为企业的客户可能不止一个，供应商也不止一个，项目和任务也不止一个。在这种情况下，如果企业不能够很好地处理供应、生产和销售整个主价值链的关系，就很难实现创造价值的最终目标。

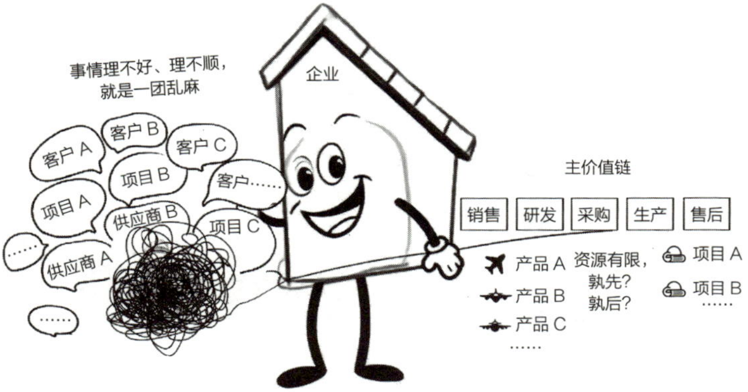

要成为合格的企业，应做到以下三点。

1. 全面准确把握需求

需求不对，努力白费。如果没有精准把握客户的需求，再辛苦的工作对客户来说也是一文不值。我们要从客户的角度定义价值，在知道客户需要什么东西的基础上，进一步掌握满足需求的时间、地点甚至批次数量，以确保内部的组织过程更加高效。假定客户每 10 天要 100 件产品，一个月内要 300 件产品，如果我们沟通不够，合同约定将是

10 天内交付 300 件产品，这将给企业内部组织生产带来较大压力；反之，如果沟通充分，合同约定将可能是分 3 批交货，每 10 天内交 100 件产品，企业内部组织生产就会从容很多。

我们可以通过下述方法更好地洞察客户需求。

首先，用尽可能全面的结构化清单来了解和确认客户需求，而不是用一张白纸记录客户的随想。

拿大家比较熟悉的买房子这件事做示例，整个流程为：先确定计划购房的区域或地段，再确认户型、朝向、面积、总价等，后确认房屋所有权人购买该房屋是否满 5 年，房子是否为精装，是否为学区房等个性需求。如果能有 20 个以上的考虑参数，差不多就可以全面、精准地描绘出客户的购房需求了。

其次，要把握客户的决策原则和行事风格，从而对完善细节形成有效的原则性指导。

在和某企业客户经理交流时，笔者提出，可以搭建一个金字塔形状的需求图，具体细节由金字塔尖一点点扩展出来。如果等到客户首次见到具体产品再提出意见，需要较大变化的话，那么修改起来将很困难。如果能够事先了解和把握客户的一些需求偏好（倾向或者原则），就可以形成对产品细节设计的指导性方针，我们就可以更有预见性地满足客户需求。金山与微软是两家风格不同、专注开发办公软件的公司。金山的软件界面偏红，微软的软件界面偏蓝。发现并掌握了这个差异，软件外包服务商就不会给金山提供蓝色界面的设计方案，或者给微软的产品设计红色的界面。假设现在需要开发一套驾驶模拟系统，如果面对军方客户，外观上就要符合庄重严肃的军绿色风格，系统界面必须简约而不能花哨；如果面对民用客户，那就应该选择相对自由放松的界面设计风格。

最后，用前期的经验积累来创造性地满足客户需求，但不是无中生有。

怎么才能想到客户没想到的需求呢？以开发管理类软件

为例，这类软件通常都需要展示各类报表。现实中看一张纸质的表格，客户可能不太会产生过多的联想。但是如果是在电脑屏幕上看表格，客户就很可能产生检索排序的需求：点中表头的某一项，实现以它为关键词的排序。点中表格的某一项，实现以它为关键词做检索或者展示它的具体内容。也就是说，表格不只是一张“信息展示板”，上面的内容都应该是灵活的、可交互的。要想做到这一点，就要靠产品经理的经验积累了。

2. 业务流程更加敏捷

只有需求全面准确，生产端才有明确的努力方向和目标。这是最能体现管理活动核心价值的地方，是能达成事半功倍效果的地方。对于客户而言，环节减少，意味着速度加快，生产效率得到保证。在需求端，我们遵守基本流程，但更突出强调作业标准和相关技术手段，例如根据客户的需求制作结构化的调查表单。在生产端，企业也应该这么做。

所谓“敏捷”“柔性”，都是面向变化的反应，敏捷是指反应迅速、灵敏，柔性是适应变化的能力。要想减少生产过程中的冲突，提高敏捷和柔性，就要在不同的任务之间做好统筹安排。在这方面，华罗庚先生通过泡茶事例所阐释的统筹方法为我们提供了很大的启发。看似简单的泡茶顺序，其实大有乾坤。若要泡茶，需要准备茶叶，还需要清洗开水壶、茶壶和茶杯。把洗水壶、洗茶壶、洗茶杯、拿茶叶、烧开水的每一个步骤所用时间精确到分钟，不同的“泡茶流程”所用时长相差不少。很多人通常会把开水壶、茶壶、茶杯洗干净，准备好茶叶，待一切准备妥当后，再给水壶中灌水并开始加热，水开后再泡茶。也有人会洗净开水壶后，灌水烧水，坐等水开后，再慢悠悠地洗茶壶、洗茶杯、取茶叶，而后泡一壶好茶。第一种方法需要 20 分钟，第二种也需要 20 分钟。而按照统筹方法合理安排步骤，在等待水开的时间内清洗茶具和准备茶叶，整个过程只需 16 分钟，节约了 4 分钟。虽然工作量相同，但时间却大幅缩短，效率也提高了。把同样的方法应用到我们的生活、学习和工作之中，必将达到事半功倍的效果。

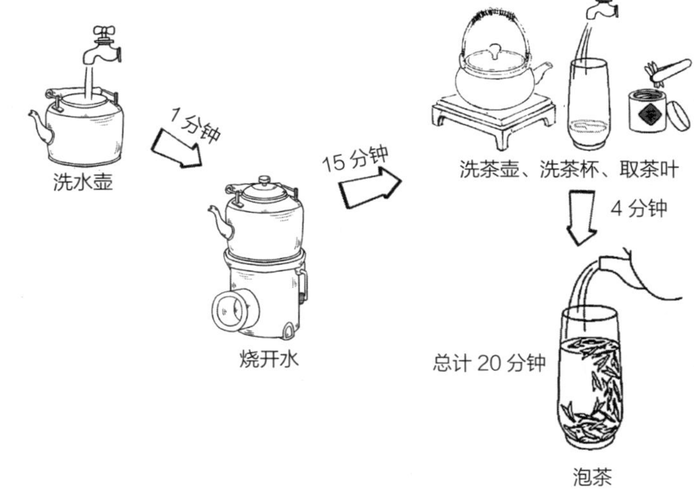

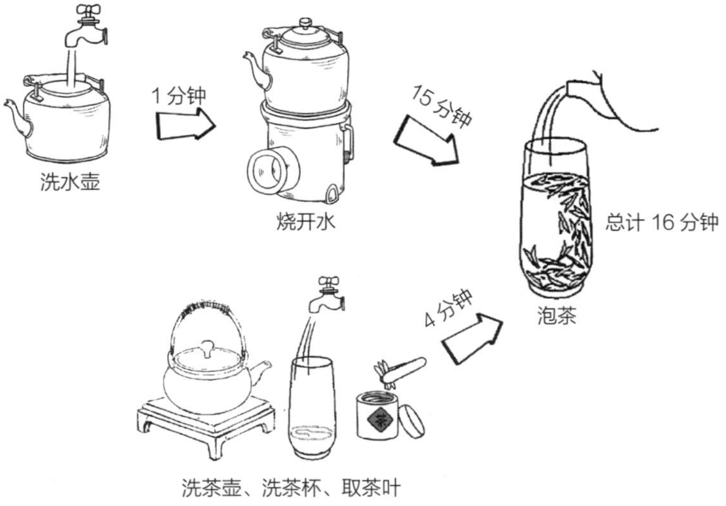

接着拿上面泡茶的例子来说。如果希望客人能够更快

地喝到茶，于是升级技术条件，换了一个更高级的开水壶，5 分钟就可以烧好水，那这个过程就会压缩为 6 分钟，而不是 16 分钟，这就是敏捷。如果技术条件不变，而你在已经洗水壶的时候接到其他任务，比如下楼拿快递，估计需要 10 分钟，很显然你等待水烧开的时间是足以接受这个临时任务的，这就是柔性。

要想顺利完成所有任务，首先要像优秀的接力赛选手那样，紧密衔接所有环节，高效流转，避免等待甚至掉棒的情况，保障每个活动的可靠性。如果在清洗时不小心磕

坏了茶壶、茶杯，或者激动地洒掉了仅存的一包茶叶等，都可能导致整个流程受阻，没法顺畅地执行。

3. 系统保障齐套供应

如果发生了意外情况，打碎了某件茶具，联络茶具商后可以得到新的工具，倒也不失为一种有效的补救措施。但是事情往往没这么简单。假如请了三位朋友一起喝茶，需要一个茶壶、四个茶杯，结果供应商只送来四个茶杯却没有茶壶，或者有茶壶没盖子，或者茶壶只配套了三个茶杯，都是没法有效执行泡茶流程的。

很显然，准时齐套交付不是一个随随便便就可以达成的目标。企业要换位思考，发现供应商的难处，尽可能以结构化的方式向供应商全面准确地传递需求，及时沟通包括产品性能以及使用场景等方面的信息，并基于自身的实际情况为供应商赋能，使其尽可能跟上本企业经营和市场竞争的节奏，从而与供应商成为战略合作的命运共同体。所谓赋能，不只是培训相关人员的技能，更重要的是教会他们如何使业务流程更加敏捷，使作业标准化，从而保证交付。

全面准确把握需求　　业务流程更加敏捷　　系统保障齐套供应

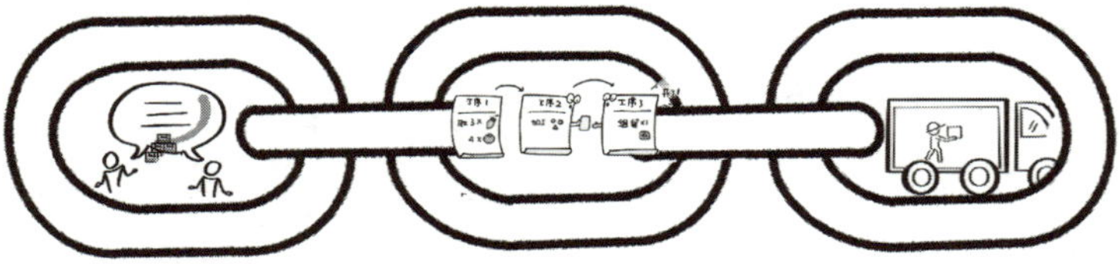

- 用结构化清单
- 把握客户偏好
- 想客户没想到的

- 干更少的活，挣更多的钱

- 结构化地传递需求
- 及时沟通变更信息
- 为供应商赋能

漫画解文

各种事情交织在一起，剪不断，理还乱！
有没有同感？

首先从准确地把握客户需求入手

前期沟通得越详尽，后期返工率越低。

该做的做好，不该做的舍弃。
核心是提升产品生产效率及质量。

“小核心、大协作，
合作共赢”
供应商合作策略

成为战略合作的命运共同体。

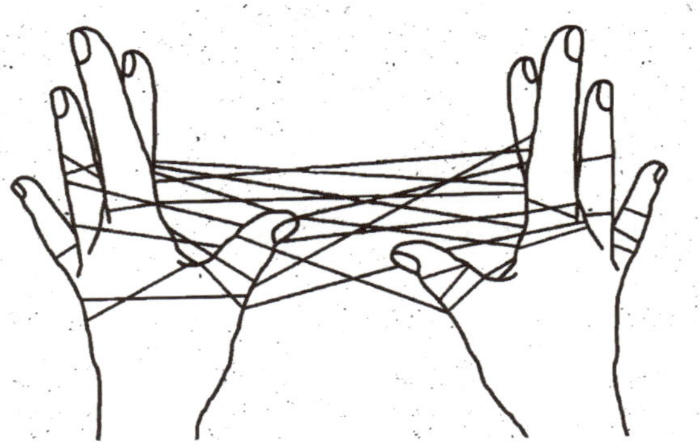

作为领导者，在处理事与事的关系中，
有哪些方面可以优化呢？

第二节
遵循基本的管理逻辑

所谓基本的管理逻辑，就是“PDCA 循环”，它包括四个重要的步骤：计划（Plan，缩写为 P）、执行（Do，缩写为 D）、检查（Check，缩写为 C）和行动（Act，缩写为 A），这也是所有管理工作的实际内容，战略管理、绩效管理等都是同样的过程。之所以称为循环，是因为它不是一次性地解决所有问题，而是一个持续迭代的过程。在 PDCA 循环中，每一循环的计划均是对前期成果的继承，而其行动的总结又自然而然地成为下一个循环计划的起点与组成部分。PDCA 循环还是一个层次嵌套的循环，P、D、C、A

的下面还可以有新的 P、D、C、A，同时上级的 P 是下级 P 的输入，下级的 P 是上级 D 的有机组成，下级的 C 是上级 C 的输入，下级的 A 是上级 C 的有机组成。

一、计划安排

一场战斗很难完全按计划取得胜利，但是没有任何一位将军会认为他不需要作战计划。没有计划必然会自乱阵脚，这足以说明计划的重要性。针对相对稳健发展的业务，企业经营的目标要综合平衡、分解到位，这都需要靠事前计划工作来实现。所谓综合平衡，是指在制订计划和目标时，总体上要涵盖经营成果、客户口碑、运行效率和工作团队等四个层面，通过设计衡量指标的权重做到重点突出，不能顾此失彼。具体的目标要符合“SMART 原则”，即：具体明确（Specific）、可衡量（Measurable）、可实现（Attainable）、相关联（Relevant）、有时限（Time-based）。所谓分解到位，是指从公司级到部门级再到岗位级的承接落地。针对在前沿无人区做创新探索的业务，企业要以目标与关键成果（OKR）相结合的方式开展工作，目标相对来说是确定的，但是衡量目标的方式可能会随着探索的逐步深入、认识的逐步提升而发生变化，一般会用某个关键工作成果来作为目标达成的依据，比如可以复现的科学原理或者可以实现预期功能的工程样机，而不是客观量化的绩效指标。由于企业整体的中长期业务规划相对复杂，与日常工作有一定距离，姑且不论。下面主要从具体工作展开来讲。

前几年有一位院长问我，怎样讲企业管理才是务实的。我回答：简而言之，就是赚钱；更准确地说，是持续地赚钱。如果讲管理能够让组织赚到今天的钱，又赚到明天的钱，还能赚到后天的钱，那就是务实。如果没有跟赢利结合在一起，讲管理就是空谈。就算是研究院所这样的自主经营单位，也得实现赢利才能活下去。换作企业内的一个部门，可以从本部门的角度出发，从整体来思考，输出对其他部门有用的东西，否则就会被淘汰。

1. 哪些事情需要计划

如果从发生频率和持续周期两个维度来看，我们可以把当下的任务分为三类：低频率短周期、低频率长周期，高频率短周期。那么是不是要为每一件事情做非常细致的计划呢？显然不是。

低频率短周期的事情可以视为临时性工作，不需要做细致的计划。例如出门寄快递，完全没有必要白纸黑字地做出书面计划来：站起来、把椅子推到办公桌下方、拿起要寄的资料、走到电梯间……这些小事更不需要具体明确每个步骤应花费一分钟还是 20 秒。

低频率长周期的事情属于项目性工作，需要我们专门做计划。企业可能经历过类似场景：因为人员调动、岗位调整，或者记忆模糊，导致一份项目性工作难以全面、精确地复盘具体操作步骤。这就需要大家集思广益，通过自上而下或者自下而上的方式建立工作分解结构、分层分类厘清项目的具体工作内容及其相互之间的归属、衔接或支撑关系。然后依据这些内在的逻辑关系，精心策划安排具体工作节点，明确组织方式，并合理配置所需资源。

高频率短周期的事情属于例行性的常态工作，需要我们按部就班地做计划，因为这些事情通常都有既定的操作规范和标准。也就是说，我们只需要把它纳入单位或者部门的整体计划之中，而无须在细化任务的期量标准（完成任务所需的合理的时间、成本和品质）上耗费过多精力。

2. 做计划需要考虑哪些因素

一个完整的计划，不只是任务清单那么简单，至少需要考虑 7 个因素，可以用“5W2H”来概括。

WHY 是指想要解决什么问题，实现什么目标。问题必须是摆在明面上的结果，例如交付不准时、品质问题频发、产品中有多余物等，不能是个人的主观推断。目标必须是与企业发展战略相关的，例如缩短产品交付周期（可以用产品准时交付率作为衡量指标）、提高产品品质（可以用一次交检合格率作为衡量指标）等。

WHAT 是指具体要做什么事情。举个例子，如果交付不准时的症结在于功能化布局导致各工序之间衔接不畅，那就可以通过组建某种产品 / 部件 / 零件的精益生产单元，消除工序衔接之间的滞留时间等方法，来缩短总体生产周期。

WHO 是指谁来做。比如哪个部门或公司领导牵头负责，哪些部门和人员主要负责实施，哪些辅助配合……例如组建精益生产单元，就需要由公司领导组织，成立包括生产管理、设备管理、品质管理等部门在内的跨部门联合团队，有可能还需要财务、供应等部门，甚至外部咨询机构、工程施工单位的辅助配合。

WHEN 是指总体上什么时间开始，什么时间完成。在项目的技术路线图中，哪些任务必须串行，哪些任务可以并行？每项具体任务什么时间开始，什么时间完成？例如，组建精益生产单元就要建立工作分解结构，从产品分族分类开始。

WHERE 是指在什么地方做，需要什么场地，以及需要哪些设备或需要满足哪些条件。如果是试点组建精益生产单元，那场地就是试点车间的厂房，条件就是组建新生产单元所需要的设备，也涉及处理淘汰的设备。

HOW 是指怎么做，需要使用哪些操作方法，以及怎么确保相关人员都能掌握这些方法。组建精益生产单元，必然涉及对精益生产相关知识的学习与应用，这就需要根据项目进展的实际情况，精心策划并组织分阶段的理论知识学习及方法工具培训。

HOW MUCH 是指工作结果的品质、数量如何衡量，成本和费用预算是多少。例如组建精益生产单元，关键在于评估某型产品、部件或零件的品质是否达标，以及生产节奏是否能满足内外部客户的交付时间要求。整体的花费要在预算的额度之内，否则就可能影响到企业经营的其他重要方面，例如研发投入等，或产生负面影响。

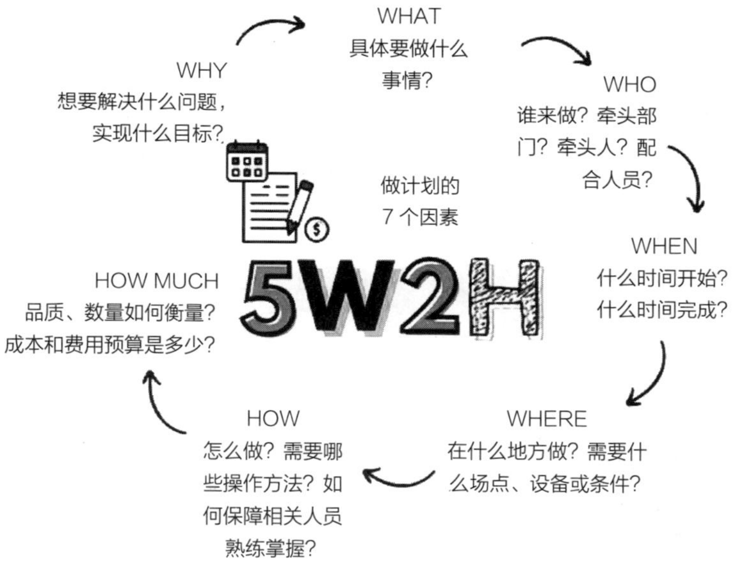

3. 任务冲突了怎么办

有时，计划赶不上变化。就像之前说的，“一场战斗很难完全按计划取得胜利”，总会有各种各样的意外出现。企业没法预见所有意外的具体情况，但可以对可能出现的情形进行分类，并制定有针对性的应变策略。

如果将紧急程度和重要程度作为两个维度，按照从高到低等级来区分，就形成了 4 个象限，分别是：重要且紧急、重要但不紧急、紧急但不重要、不紧急且不重要。如果直接看这个区分，我们往往能迅速做出决定：重要且紧急的事务应优先处理，而不紧急且不重要的则应暂时搁置。然而，在处理重要但不紧急与紧急但不重要的事务时，人们常常陷入矛盾。冷静思考时，多数人会赞同先处理前者，但实际操作时，情绪往往驱使我们优先应对后者。更为关键的是，许多人可能未曾意识到，重要事务若被拖成了紧急状态，实则是管理上的失误，说明组织的运行机制出现了问题。真正重要的事务应提前规划，避免仓促行事（毕竟忙中出错）。决策不力的企业是很难适应市场竞争的。

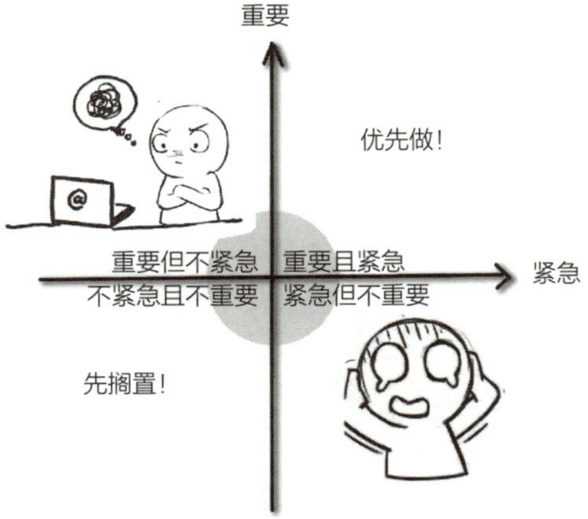

二、组织实施

组织实施发生在任务执行过程中，要面向业务现场把企业的整体计划分解转化为每个人的具体工作，追求的是各部门之间步调一致、协调配合。与前文所说的观念类似，这个步调不是某位组织者的个人意见，而要以提前沟通达成共识的白纸黑字的文件为准。这些文件，包括目标、指标、任务计划，也包括业务流程的程序文件，还包括指导具体活动的操作标准。执行过程中的实践情况又可以反向推动这些文件的完善。

1. 分解目标任务

身在基层岗位、缺少主动性和必要的专业或行业背景信息时，我们经常会因细碎的任务要求而感到无从下手，却未深入思考这些要求背后的合理性。更多的经营结果、更好的客户口碑、更高的运行效率和更强的工作团队，这几项要求是目标一致、并行不悖的，我们要想办法为多个目标、指标和任务“理顺关系，摆正位置”，而不是接到任务就抱怨或逃避。

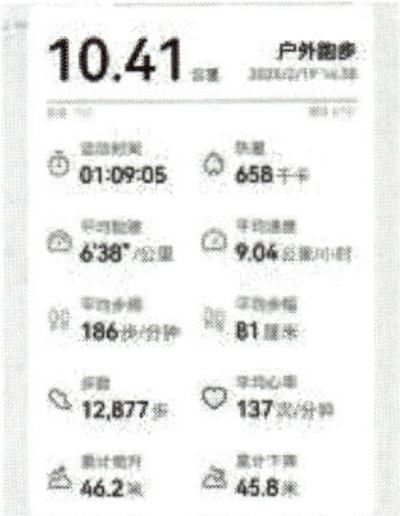

拿跑步健身做个更为形象的示例。如果将提升身体健康水平设定为总目标，那么分解成小任务，可能有体重、血压、血脂、血糖、骨密度等多项指标。具体锻炼的目标也可能因人而异：有人可能是为了减脂，有人可能是为了增肌，有人可能是为了竞技等。目标不同，衡量目标是否有效达成的指标自然就有所不同。我们可以通过跑步提升身体健康水平，但是不能只依靠跑步，还要结合上肢、下肢及核心的力量训练。跑前要热身，跑后要拉伸，如果训练方式不科学就难免产生伤病，那就得不偿失了。我们做工作计划也是同样的道理，不能只看自己要做的工作，还要关注开展工作的前提条件和准备性工作。跑步过程中，不只要想着跑多快、跑多远，更要关注步幅、步频，还有心率。这就像我们执行任务过程中的综合考量。

如果从企业经营中“供产销”的主价值链来看，总目标是满足客户的需求，那么企业就既要保证产品达到客户需要的品质（不只是产品性能，还包括外观和包装），又要按照客户要求的时间交付。企业需要将这些指标分解到具体的业务流程执行环节，明确各个作业活动的期量标准。例如，从客户要求的交付时间出发，逆向推算包装发运、成品检验、产品系统级调试等各个环节所需时间及其最晚启动节点，直至追溯至签订采购合同乃至寻找原材料与零件供应商的环节。每个环节都按照合理（不是理想状态）的方式设置质量标准，也就是流程活动的绩效指标。

任务分解需要运用流程化思维，做因式分解，从而创建工作分解结构并形成技术路线图，而不是简单地按照阶段性结果来展示。将任务简单分解为建立制度、完善流程、督促执行这几项是难以有效提高效率的。

2. 协调资源，保障结果

用过程保障结果，包括了多层含义。一是业务流程的设计，这是任务有效进行的前提和基础；二是对业务流程的监控，这是对现实情况的掌握和应对；三是业务流程的迭代，这是实事求是的调整和优化。结合组织实施的主题，我们在这里主要关注第二条，借助企业总体经营绩效指标和流程绩效指标，监测企业业务流程设计得好不好、运行

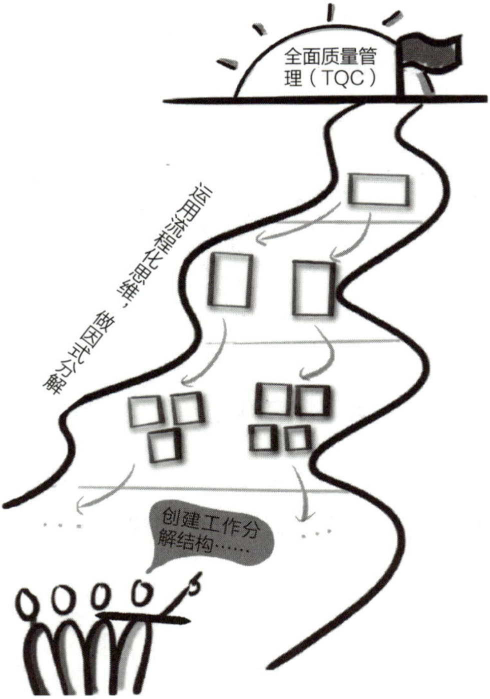
全面质量管理（TQC）
运用流程化思维，做因式分解
创建工作分解结构……

优化定制类装具订单端到端流程
优化订单接收流程
优化数据采集流程
建立定制化数据库
改进分型分号方法
建立产品预制机制
明确发货信息标准

得好不好，重点关注流程运行得好不好。所谓“运行得好不好”，既要关注运行结果，也要关注运行过程，一旦出现异常就必须立即采取措施补救，以减少隐患。流程绩效指标通过确认期量标准、成本、质量等多个维度，关注流程的输入、转换和输出，以及量化流程执行的效率和效果。例如，期量标准是制造对象在生产期限和生产数量方面所规定的标准数据，期量标准未达标项的减少可以反映工作效率的提升。成本指标衡量资源利用效率，质量指标则直

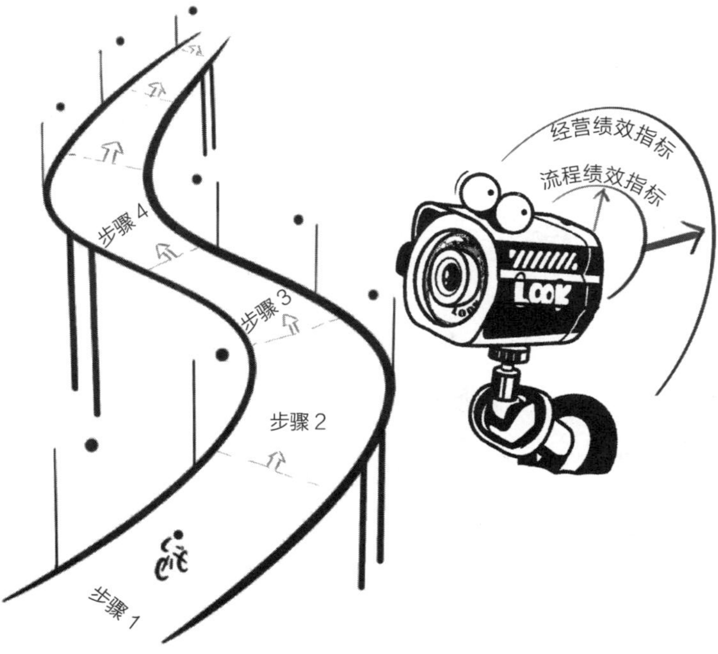

接反映输出结果的满意度和可靠性。这些指标的监控和分析有助于组织持续改进和优化设计流程，提高效率。

按照计划，时间进度与任务进程应保持同步，做到“时间过半，任务过半”。在执行计划过程中如果遇到停电等意外情况，产品部件检验的过程数据未能有效记录，必须重新开展检验工作，那就意味着任务无法按预期交付（未达到预定的流程绩效的期量标准）。这时候就需要组织预备队，提前并行满足成品装配调试的相关条件，通过压缩装调环节的实施时间，把因部件检验环节失误而耽误的工期抢回来。同样，如果遇到操作人员请假或者设备宕机的情况，那就要及时把任务分配给其他的操作人员或者设备上，并详尽说明各项具体要求。

对照既定目标和相应的衡量指标（包括流程活动绩效指标），发现异常就要及时协调资源进行干预，而不是在办公室里追究责任，或放任不管。就算流程运行得不好，这一阶段的重点也不是盲目追责，而是想办法让问题尽快得到解决。

3. 贯彻标准，保证过程

在企业管理领域，“结果 = 流程 × 执行”的公式被广泛验证：结果的实现依赖于流程的有效性，而流程的有效性则依赖于活动的有效性。如同精密机械的运转，每个环节的完美衔接才能带来整体效能的最大化。只有确保每一项作业活动都严格遵循既定的标准，才能保证整个流程的顺畅运行，进而达成我们所期望的结果。

规范化的作业活动如同多米诺骨牌的首张骨牌，直接决定后续流程的成败。以跑步运动为例，专业运动员的热身流程堪称标准化典范：跑前动态拉伸激活肌肉群，途中维持大约 180 步 / 分钟的科学步频，跑后静态拉伸并结合冷敷处理。这些标准化动作构成的完整链条，使运动损伤率降低 73%。

不同的企业、单位、部门，具体的操作环节可能会有很大的差异，如果合作之前不能明确一个标准接口作为共识，那么彼此间的合作就会摩擦不断。中国商飞 C919 大型客机的研制成功标志着中国民用航空工业的重大突破。在这一过程中，标准化设计成为连接数百家供应商的关键纽带。C919 严格遵循 CCAR-25-R4 标准，通过建立统一的材料标准、接口规范和测试流程，大幅降低了供应链协同的复杂度。在材料标准方面，中国商飞花费 4 年时间制定了飞机每一个部位材料的专属标准，包括纤维量、拉伸长度、树脂含量等具体参数。正是因为有这些严格的标准规范，铝合金结构才得以与其他部件无缝集成。当企业协作进入“接口时代”，标准作业指导书（SOP）就成了产业协作的“技术外交语言”。全球半导体产业正是凭借统一的 EIA 或

JEDEC标准①，实现晶圆厂、封测厂、设计公司的高效协同。

在SOP落地执行阶段，企业需要同时关注“预防—响应—进化”三个环节。预防在事前，也就是在真正进入工作场景之前，依托“操作预演系统”并借助VR技术模拟产线操作，有效缩短新员工掌握标准动作的时间；响应在事中，比如在产线发生异常时，领导层的关注点必须集中于全员参与问题解决，而不是追究当事人的责任；进化在事后，结合员工执行过程中发现的问题以及合理化建议，逐步迭代SOP，确保标准体系持续进化。某光电企业采用功能区与工序流水线相结合的布局，将传统的推动式混线

① EIA标准为美国电子工业协会和电信工业协会联合制定的一系列技术标准，旨在规范通信、网络和电子设备的设计、安装、测试和维护。JEDEC标准为固态技术协会制定的半导体行业工程标准。——编者注

生产转变为单批工序流水装配，实施首工序拉动。基于自动化产线和 MES 平台，通过数据采集系统（SCADA）和制造执行系统（MES）对生产数据进行实时采集、监控，通过数字孪生系统，对生产过程采集的数据进行实时仿真。基于生产大数据分析的实时、动态调整的智能排产，使产品合同准时履约率由之前 49.39% 提升至 90.28%，急

为确保 SOP 落地执行

单准时完成率由 66.67% 提升至 95%，装配周期缩短 30%。

三、检查分析

检查分析的基本原则是全面、深入、开放，基本方法是对标、对表、因果分析、关联分析等。对标是对照目标，对表是对照节点。有些目标从结果来看是最终实现了，但是过程中波动太大、没有注意做到均衡。因果分析是对差距做根因分析，这个要足够深入，直到找到自己可以掌握并采取措施改进的原因。关联分析要看外部环境的变化，一方面是对目标做适应性的调整，另一方面是预判环境变化趋势，以便提前做好相应的条件准备。

1. 判断目标达成情况

检查分析，其实是绩效评价的过程。从绩效管理的整体要求来看，通过绩效表现来评估目标达成情况，实际应该关注的是如何做有利于提升总体绩效，而不仅仅是奖励表现好的，惩罚表现差的。评判目标达成与否，不宜采取非黑即白的方式，而应该按级差来评判。

如果只有创收 1000 万元这个目标数值，而没有具体的计划，目标就会转变为压力。这会导致那些稍加努力可以完成 800 万元目标的人，因为感觉没有希望达成 1000 万元目标而在做到 500 万元时就早早放弃，不想再努力了。

如果按照最低目标和理想目标划分，低于最低目标的“亮红灯”，算是待达标，创收 600 万元属于及格，创收 800 万元算是达标，实现理想目标、创收 1000 万元属于优秀。这样做的效果要好于冷冰冰的数值目标设定。

一些企业为了打消顾虑和提升员工积极性，会把基础目标定得比较低（当然对应的回报也比较低），然后以此为基准设置达标、良好、优秀、卓越等多个评级标准。创收 1000 万元，属于卓越；创收 800 万元，属于优秀；创收 600 万元，属于良好；创收 500 万元，属于达标，形成一种逐级提升的态势。每达成一级目标都会得到相应的奖励，这能有效激发员工的积极性。

2. 分析自身内部原因

如果目标没有实现，就要确认是哪个项目任务出了问题，并且再进一步定位，是在哪个环节出了问题。业绩目标没有实现或者实现得不理想，可能是企业实施的策略、路径或者方法与业务场景不搭，导致工作成果不被市场客户认可。举个例子，某央企集团总部科技部在阶段检查分析中发现“产学研合作项目数”这个指标没达标（这说明与国内高校、科研院所组织产学研合作，推动协同创新的目标没能很好地实现），进一步分析发现是“开展产学研合作创新工程”没能按计划推进，卡在了向集团党组做项目汇报的环节。

还拿上面的例子继续讲，因为没有正式签约，所有与国内研究机构合作开展的科研项目都无法确定计入“对外合作项目数”这个指标。为什么有很多项目还没有正式签约呢？因为这个过程的所涉及资金量巨大，属于“三重一大”项目，必须董事长、总经理、科技副总和财务副总共四位集团公司党组成员一起出席，集体决策才行。但是集团领导的行程是由经理部安排，科技部说了不算，只能依赖经理部进行协调。

通过继续加强甚至指定专人和经理部的沟通协调，确实有可能较为妥当地解决这次的问题。但是然后呢？每年都这么一次次协调，显然会造成人力资源的浪费。进一步反思发现，对照集团公司的年度工作会，十多位领导一个也不缺，差异在哪里？在于创新基金决策会议没有像集团年度工作会那样被列入领导的定期例会清单。

3. 结合外部环境变化

无论业绩目标实现得怎么样，都需要看看外部环境与我们最初计划时预测的发生了哪些变化。多年前笔者曾经为一家生物疫苗企业做管理咨询，当时公司领导纠结是否按照原定方案为市场营销人员兑现奖励。因为上一年度禽流感口蹄疫大爆发，导致疫苗订单激增，市场营销人员实际上变成了柜台销售的普通商务人员。由于环境的变化，推动订单数量的增长，此时就需要结合环境制定合理的绩效标准。

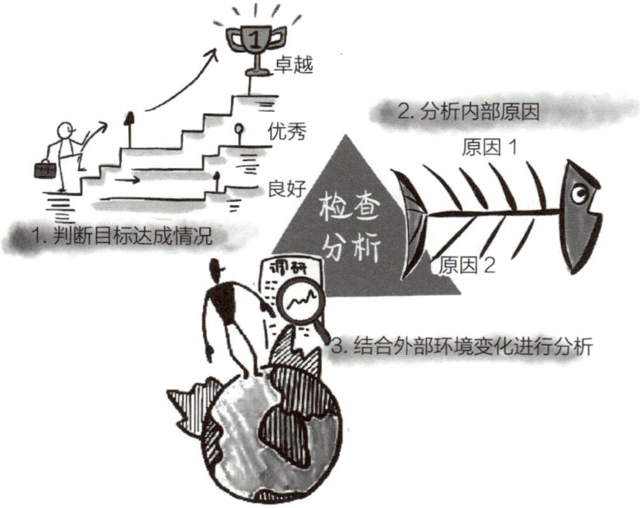

四、优化行动

检查分析让我们知道目标实现得如何，发现问题和找到出现问题的根本原因，但是问题不会自己消失，形势不会自动好转，只有及时调整策略，做出适应性的变化，才能确保目标的顺利达成。

1. 及时调整策略

拿上面创新基金决策会议的例子继续讲，咱们就能更明白这个过程。第一时间要做的自然是通过加强和经理部的沟通协调，争取尽早组织集团领导召开创新基金决策会议。有了明确肯定的决策意见，才可以正式签约和拨付资金，各研究机构才可以开展实质性工作，会显著推动集团公司乃至国家相关领域的创新步伐。但是这种扬汤止沸、治标不治本的做法，没有从根本上解决问题，来年还会再冒出来。

2. 设计新的议程

如果内外部环境变化导致不可抗力情况的发生，使既定目标已经没有可行性，那就应该终止行动；如果内外部环境变化产生了显著影响，导致目标的实现程度产生重大偏移，那就应该变更；如果内外部环境变化提供了新的机遇或带来新的课题，那就应该设定新的目标。

如果目标是恰当的，那就设计行动方案，从根本上解决问题，尽可能做到釜底抽薪。例如关于推动科技创新的后续行动：由基金办负责，在和相关领导、经理部逐一沟通确认之后，修订《创新基金管理办法》，明确每年决策会议的召开时间及与会人员范围等重要事宜，年初确定好每年召开会议的时间，主动协商，报请经理部安排，请集团公司领导审批确认，使创新基金会议成为年度内的定期例行会议。

3. 应用绩效结果

应用绩效结果进行奖励，既要注意奖励的多样性，还要保持和绩效提升方向的一致性。多样性可以是培训深造的机会，或是生活物资、现金、旅游等实用型奖励。为优

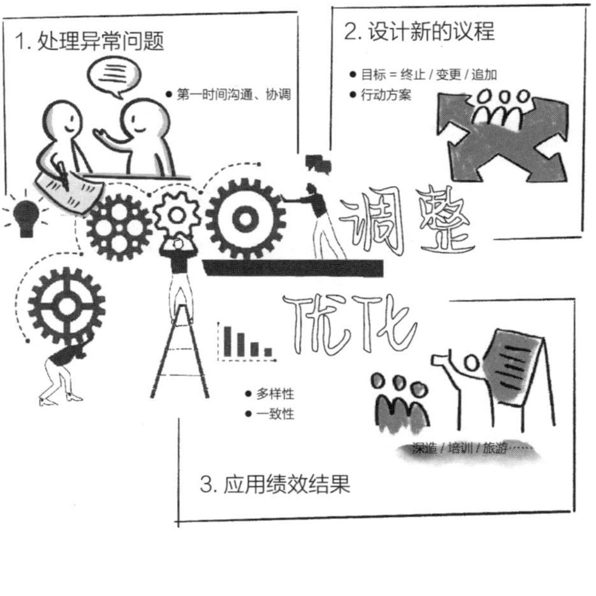

秀职工提供以家庭为单位的公费旅游，一方面可以让职工弥补缺失的家庭时光，另一方面还可以增进家属对公司的理解以及对职工工作的支持。比如，把跑步健身和合理饮食结合起来，目标是拥有更健康的身体。一旦达到目标，可以买心仪的物品。如果用大吃一顿作为奖励，就和健身的初衷背道而驰了。

贴士：完美计划经常失败的真相

话说马谡守街亭，等爬到山上才猛然发现"哎呀，没水喝"，处境十分尴尬。

想一想那些企业管理者，他们认真制订了年度工作计划，目标设定清晰，行动方案紧凑，责任分配明确，时间表和检查点一个不缺，分析和优化流程也做得面面俱到，内容详尽得让人挑不出毛病，仿佛所有细节都考虑周全了，感觉一切都尽在掌握。

表面上看，公司的未来似乎一片光明，但实际发展的路途并非平坦。真正开始动手执行时，各种预料之外的麻烦就不请自来了。有时候是材料或零件没及时到货，有时候是机器设备或人手调配出了问题，还有时候是质量检查或安全规定突然变了标准。问题多得让人头大，忙得团团转。

就事论事，我们会发现失败往往是因为细节之处掉链子。由表及里，我们会发现细节决定成败。在问题发现当下，我们需要再追问两个问题：一是制订计划的前提和基础是否具备？二是计划本身是否过于理想化？

众所周知，所有的理论都是从一个基本的假说开始的。一旦这个基本的假说被颠覆，体系就崩塌了。就像哥白尼的“日心说”对托勒密的“地心说”造成冲击那样。同样，做所有的事情也有一定的假设前提。做具体的事情时我们一定处于特定的环境，当下需要审视平常环境下的假设是否还成立。某企业地处北方，某型产品的前期市场也是集中在北方，品质一直很稳定，于是就形成了路径依赖，一直按照同样的生产标准制造产品。后来该产品被应用到船舶上，却经常出现故障，表现出系统信号传输不稳定的问题。拆解分析之后发现，是该产品作为连接器件，被海上高湿度高盐分的空气腐蚀了。

唯物辩证法认为，世界是物质的，物质是运动的。过于理想化的计划如同纸上谈兵。有两种计划属于“理想化的计划”：一种是默认所有条件都是天然具备的，车到山前才发现无路可走；另一种是以为周围的世界是静止不变的，遇到变化或冲突时忽然手忙脚乱起来。反之，如果充分认识到这两种错误的计划，我们就可以事先评估相关的环境条件，分配一部分精力用于整合和配置资源，缺少条件就先创造出合适的条件，而不是没有计划地蛮干。我们也可以预判环境中可能发生的变化，给自己留点余地，这样就算设备突然出现问题或者有人突然请假，我们也能从容应对。

在分析之前，也许你认为自己的系统化计划方案简直天衣无缝，但现在看来，只有让计划贴合现实情况，有操作的前提和基础，并且你能依据变化做出有效的应对和调整，才能高枕无忧。

第三节 适应具体的业务场景

如果从业务领域来说，企业的具体业务场景可以划分为采购供应、产品设计、生产制造、战略规划、技术创新、市场营销、人力资源、财务等。本节我们主要从管理的角度出发，将具体业务场景划分为两类：独立完成和团结合作。需要自己独立完成任务的时候，得想着怎么提高自己的能力，让自己更能干；需要团队合作的时候，得确保充分发挥每位参与者的才能。

一、让自己更能干

我们经常说，某些人说话办事很有一套。所谓“很有一套”，其实指的是处理事情有自己的逻辑和方法。此方法，指的不只是用语言文字展示的具体管理方法（拳法），比如前文说的创建工作分解结构，背后还有内在能力（心法、情商等）。在笔者看来，如果按以下 3 条指导原则修炼心法，大家都可以形成一套自己的处理事务的方法，并变得更能干。

1. 用框架实现结构化

我们应该运用框架实现结构化思考，这能为我们的思维提供一个有力的支撑点。以下为两种较常用的管理工具。第一种是可作为思考框架的平衡计分卡（Balanced Score Card，以下简称 BSC），包括 4 个层面：财务、客户、内部运营、学习与成长；为了便于理解，我们将它修改为：更多的经营成果、更好的客户口碑、更高的运行效率和更强的工作团队。第二种是六西格玛管理模式，它将项目分为 5 个阶段，即 DMAIC：定义（Define）、测量（Measure）、分析（Analyze）、改进（Improve）、控制（Control）。无论是 BSC 的 4 个层面还是六西格玛的 5 个阶段，以及我们前面已经详解过的 PDCA，都是经过检验的、有效的思考框架。

运用框架（包括处理企业管理问题）做结构化思考，需要做到“不重复、不遗漏”，即框架同一层面的各个要素之间没有交叉重叠，所有要素合在一起构成没有遗漏的全集。

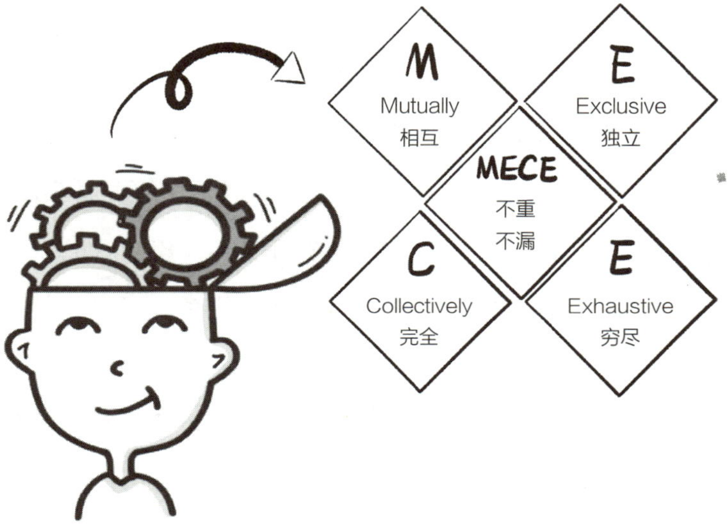

2. 用标准实现规范化

利用标准进行规范化思考，是为了增强整体中各部分之间的一致性和协调性。

在 BSC 的体系中，我们曾经明确界定过，财务层面代表着企业追求的经营成果，这通常涵盖了增加收入和控制成本两大方面。客户层面是指客户的价值主张（即为什么会买单），一般包括品质、品种和交期等。内部运营层面是指企业内部业务的持续改进，一般包括客户管理流程、创新流程、运营流程和合规流程。学习与成长层面是指企业内部团队的不断成长，一般包括人力资本、信息资本和组织资本。

在六西格玛体系里，也有类似的界定。D 代表定义，即识别需要改进的产品或过程，确定项目所需的资源；M 代表测量，即了解产品缺陷，收集产品的准确数据作为支撑，建立改进目标；A 代表分析，即分析在测量阶段所收集的数据，按重要程度确定一组影响品质的关键变量；I 代表改进，即优化解决方案，并确认该方案能够满足或超过项目品质改进目标；C 代表控制，即确保过程完成改进后

质量能继续保持下去，而不会退回到先前的状态。

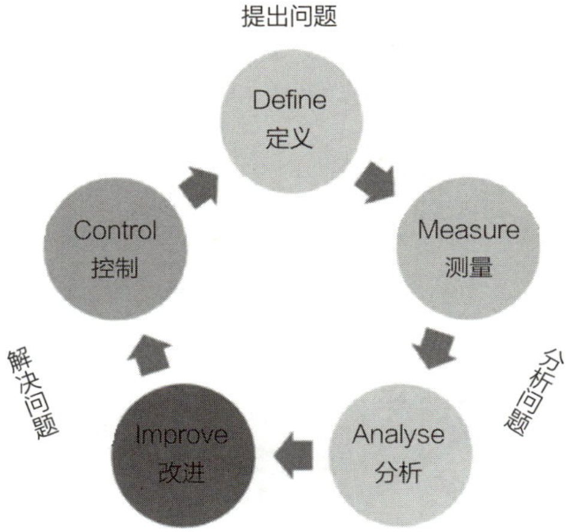

这些定义，实际上就是“标准”。在描述框架中的各个要素时，我们可以通过这些定义清楚地知道，什么样的描述才是合格的。明确并遵循这些定义，我们就能保证要素之间的一致性，体现出思维的规范性。

3. 用逻辑实现系统化

如果没有逻辑，前面所说的框架就只是要素的堆砌，而不是协调一致的整体。因此，在规范化框架要素的基础上，还需利用逻辑实现系统化，以体现整体性。

所谓逻辑，就是要素之间的内在联系。以 BSC 的逻辑为例。为了得到所期望的经营成果，企业需要开源节流。要开源企业就必须深入理解、充分把握目标客户的价值主张，为了迎合目标客户的价值主张，就必须在内部业务上有所改进。为了节流企业就必须优化内部运作流程，而改进内部的业务和流程，就必须针对性地提升团队的能力。

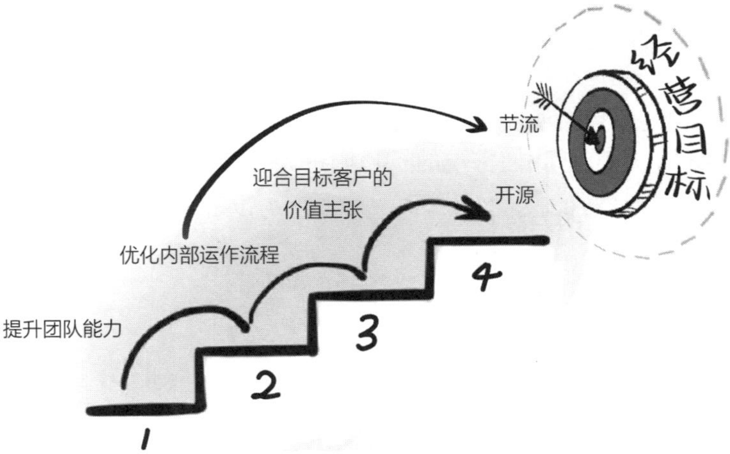

如果在单位里，领导问“怎样做好一件事”，你就可以运用这个方法来回答：“领导，我的想法主要有三点。第一，利用框架来实现结构化；第二，利用标准来实现规范化；第三，利用逻辑来实现系统化。总的来说就是要有方法，不能打乱仗、对付事儿。利用这三点的框架，明确发言的结构，然后用标准格式说明内涵，描述要素的规范，最后落脚到方法，点明内在的逻辑。”

二、让别人更能干

如果说有一件事情没有做好，从人的角度分析，可以归纳为以下 3 个方面的原因。一是组织实施之前没有思路和计划，只为应付任务；二是空有干劲却不知道如何实施开展；三是当事人想干，也会干，但是没有资源，不具备条件，也就是我们常说的“巧妇难为无米之炊”。以下为让别人更能干的方法。

1. 激发意愿，增强动力

首先是激发意愿。如果当事人有了发自内心的强烈意愿去学习、做事，他就会积极主动地想办法，努力达成目标。记得笔者上大学的时候，学校曾有一个规定：不允许带食物进图书馆。当时很多学生特别不理解，觉得这规定太不人性化了。尤其是赶上期末考试，大家基本上都是早起洗漱完毕，去食堂买点吃的，然后就飞奔图书馆自习。这习惯虽然有点儿不健康，但总体来说是为了学习，是件好事，于是同学们还照样偷偷地带。后来的一天，我们和图书馆的值班大爷混熟了，就向他询问。大爷说：你们吃自带的食物时掉落碎屑，可能会招蚂蚁进来，进而啃咬书籍，那咱们的书就遭殃了。话说到这里，大家自然就明白了，我也不例外。从此以后，大家不再带吃的去图书馆了。前面之所以会偷着带，是因为不理解当时的规定，有“牛不喝水强按头”的感觉。后面之所以自觉地不带

了，是因为明白了规定背后的道理，也就变成了“有钱难买我愿意”。

2. 率先垂范做榜样

其次是教会方法。设计合适的途径掌握学习方法、提升能力，自学、拜师、参加培训等都是可以的。按照经典的教学四步法：我说你听、你说我听、我做你看、你做我看。“我说”，要说“你听”得懂的话，那就应该尽可能运用通俗易懂的语言，而不是为了彰显自己的专业，满嘴晦涩难懂的术语，甚至自创一套话语体系。表达用语要尽可能具体明确，结合“你听”的实际环境，而不只是刻板地遵循原则。“我听”，就要考虑“你说”的背景条件，尽量与对方同频，争取同频共振的倾听，而不是运用已有的理论规范或者话语体系做评判。“我做”，要清晰展示每个步骤及要领，而不是一带而过，让“你看”不清楚。“我看”，就要全神贯注地投入其中，而不是“你做”你的，我干我的。

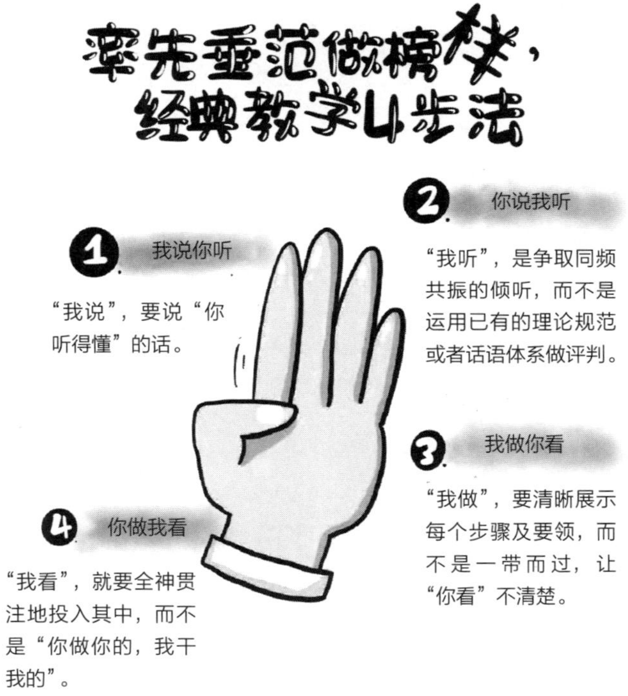

3. 指点迷津破瓶颈

有人说，“唯一的不变就是变化”。结合做事的方式方法和环境条件来考察，变化就更多了。比如学习开车，因为我们的目标就是通过考试拿到驾驶证，所以教练经常会教一些“技巧”，比如倒车入库，到什么位置、看什么标志打方向盘。这些技巧非常具体、明确，实际考试中也很有效。可一到了实际的道路驾驶环境中，我们就发现情况与考试完全不同了，不是方法和逻辑不对，而是前提不存在了。在驾校训练和考场上，你接手的车辆停放得规规矩矩，周边的空间也足够大，场地也足够平坦。现实中很可能场地不平坦、有障碍物，导致腾挪空间有限，车辆没法停放在一个与入库线平行的位置上。这个时候，就需要请经验丰富的司机出面，做具体指导了，这是新人成长必须经历的过程。

第四节
推动持续的创新提升

前面讲过的管理逻辑 PDCA 循环，是在一个相对独立的部门或单位实施的。然而，当涉及多个部门时，情况就会变得复杂。比如，其单位生产制造部门在执行 PDCA 循环时，虽然可能直接发现问题，但根源可能隐藏于研发设计或市场营销环节，也就是“发现问题的环节，不是发生问题的环节”。这时就需要有人跳出部门权责和利益的藩篱，从更高的层面和视角来审视相关问题。只有这样才能推动持续提升。提升的本质就是创造新的价值，也就是创新。

一、明确价值定位

经济学家约瑟夫·熊彼特关于创新是对“生产要素的重新组合”的论断，揭示了管理创新的本质——它不是对现有系统的破坏，而是通过知识要素的创造性重组，实现价值跃升。在科技加速发展的今天，企业管理创新必须有明确的价值定位：解决现实问题、构建运行体系、转换心智模式。这三个维度并非简单的线性递进，而是相互渗透的动态系统，它们共同构成了管理创新的价值坐标。

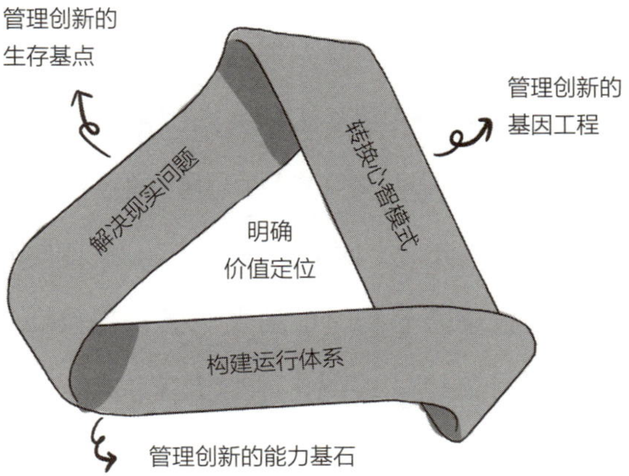

1. 解决现实问题：管理创新的生存基点

当企业遇到管理基础薄弱、运营效率低下的困境时，第一要务就是“灭火”，准确地识别问题：准确界定问题的边界、分析问题发生的原因，提出标本兼治、以标为先的措施，从而保障企业恢复稳健的经营。

第一要务是“灭火”

某新能源汽车公司在产能爬坡期曾陷入交付危机：供应商断供、生产线停摆、客户投诉激增。通过引入 TOC（约束理论）进行瓶颈分析，团队发现核心问题并非技术缺陷，而是采购决策权过度分散。于是采取了三步策略：精准识别——建立“问题树”模型，区分表象问题（交付延迟）与根因问题（多头采购审批）；快速止血——临时成立跨部门采购决策小组，将审批层级从 6 级压缩至 3 级；长效防御——开发供应商风险预警系统，嵌入采购流程。

这种“外科手术式”创新使企业三个月内交付周期缩短40%，验证了管理创新的即时价值。但我们也需警惕“过度干预陷阱”：某零售巨头在供应链处于危机状况时强行推行区块链溯源系统，却因基层数字化能力不足导致系统空转。因此，问题解决必须遵循“最小必要创新”原则——既要洞察问题本质，又要为组织现状所接受。

2. 构建运行体系：管理创新的能力基石

在突发事件得到解决，企业脱离生存危机后，管理创新需转向解决系统性问题、构建系统性能力上。一方面，通过系统设计，强化业务流程和作业标准，统一输入输出的接口，保证内外人员的流动、物资（含资金）的流

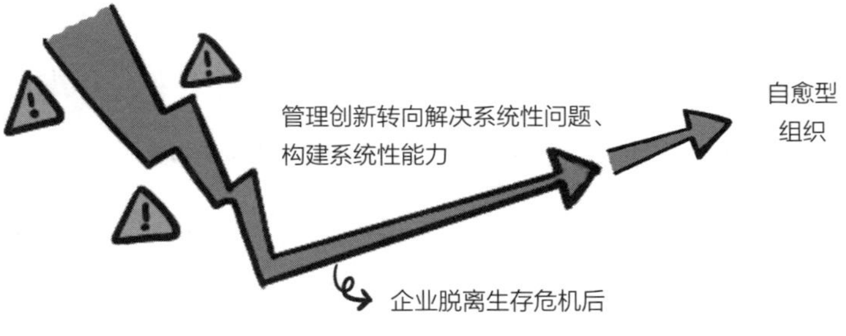

动和信息的流动的畅通；另一方面，通过层层授权，构建问题解决机制，使过程中出现的问题尽可能在基层得到解决。

华为公司“铁三角”体系的演化堪称典范。第一阶段（2006 年），华为公司针对客户界面协同问题，建立客户经理、方案经理、交付经理的“三角支撑”；第二阶段（2012 年），华为公司将铁三角升级为“端到端”作战单元，贯穿需求洞察、解决方案、交付验收全流程；第三阶段（2018 年），华为公司构建“前—中—后台”协同体系，实现资源在全球 170 多个国家和地区的动态调配。

3. 转换心智模式：管理创新的基因工程

管理体系的有效性最终取决于人的认知水平。体系建立之后，能不能有效运行，取决于执行者，即人的素质和能力：对经营理念的认同、对程序方法的理解和对标准规范的掌握。领导者的眼里不能只有厂房设备和产品，还应关注知识再生产的关键——人才。人才的成长与发展过程，就是企业隐性知识和显性知识相互转化和增值的过程。没有团队的成长与发展，便无法实现体系的有效运行。这也是重新建立管理规则、形成新的管理文化的过程。

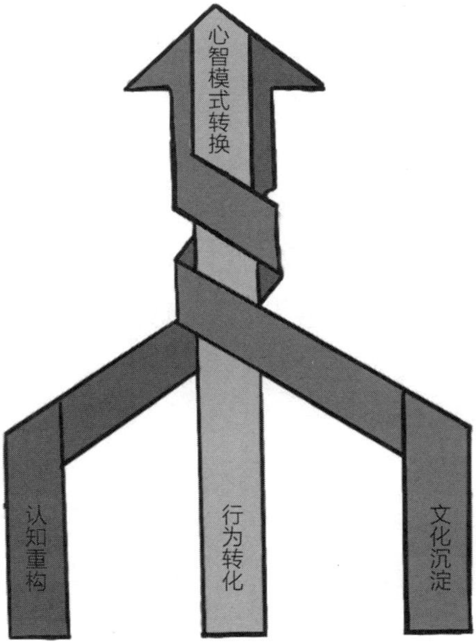

心智模式转换需要三重机制：认知重构、行为转化和文化沉淀。在认知重构方面，波音公司每月组织高管复盘失败案例，将教训编码为决策检查表；丰田通过连续追问“五个为什么”穿透表象，重塑员工的问题认知逻辑。在行为转化方面，海尔集团将 8 万多名员工转化为 2000 个自主经营体，通过“对赌契约”激发创新行为；谷歌公司颁布政策，要求工程师将“20% 时间”的工时用于开发自发项目，于是 Gmail、AdSense 诞生了。在文化沉淀方面，微软公司废除了员工排名，建立“学习—试错—改进”成长型思维范式，推动市值从 3000 亿美元升至 2 万亿美元。

某药企的实践更具启示：通过建立“经验交易所”，将研发人员的隐性知识转化为可交易的数字资产。三年内知识复用率提升 58%，这正是心智模式转化为生产力的典型路径。

企业管理创新的三重价值定位，本质上是组织能力的进化，但这并不是说在全面解决现实问题之后，再考虑构建运行体系，也不是完成运行体系构建之后，再考虑转换心智模式。企业应从被动响应转变为主动构建，从工具理性转变为价值理性。当企业能同步协调好解决问题、构建体系与转换心智的辩证关系时，便能突破“创新—失效—再创新”的循环魔咒，走向基业长青。都江堰的滔滔江水提醒我们：真正的管理创新，需要永远在解决问题中构建体系，在体系运行中重塑心智，最终形成创造循环。

二、把握总体策略

前途总是光明的，但道路是曲折的。前文所述的“价值定位”不过是企业管理创新的“客户需求”，我们还需要做好产品设计和工艺设计。只有这样才能比较好地实现创新目标、满足客户需求。“系统策划、分步实施、重点突破”的策略框架，并非孤立存在，而是相互支撑的有机整体，兼顾顶层设计的完整性与落地执行的节奏感。系统策划，能构建创新蓝图；分步实施，能控制变革风险；重点突破，能获取信任合作。

贴士：都江堰的千年启示，系统思维的不朽典范

公元前 256 年修建的都江堰水利工程，完美诠释了管理创新的三重价值定位。

解决现实问题：通过“鱼嘴”分水工程根治岷江水患，将“十年九灾”变为“水旱从人”。

构建运行体系：设计“四六分水”“岁修制度”，形成“自动分洪—动态排沙—持续灌溉”的自组织系统。

转换心智模式：将“深淘滩、低作堰”的治水箴言升华为治理哲学，培育出持续千年的水利管理传统。

这个存活了两千多年的工程启示当代企业：伟大的管理创新永远需要系统思维、动态平衡与代际传承。正如李冰父子既设计了分水鱼嘴（技术方案），又建立了“水则”测量标准（管理体系），更留下“遇弯截角、逢正抽心”的决策心法（心智模式），三者交融成就了永恒价值。

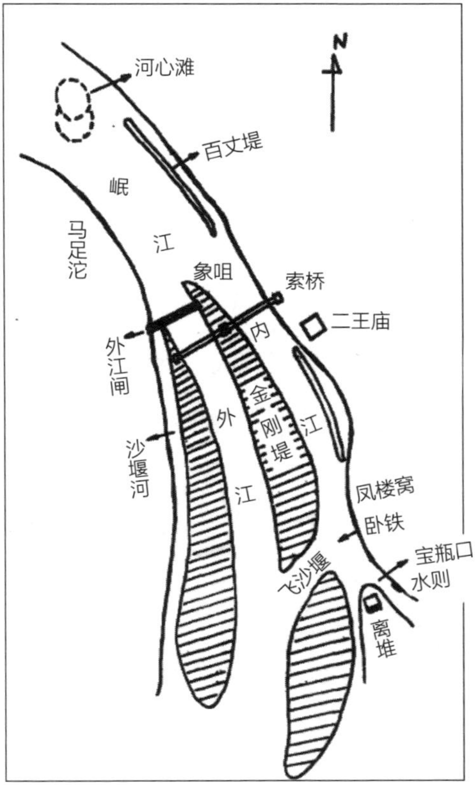
N
河心滩
百文堤
岷
江
马足沱
象咀
索桥
二王庙
内
外江闸
金
刚
堤
外
江
江
沙堰河
凤楼窝
卧铁
宝瓶口
水则
飞沙堰
离堆

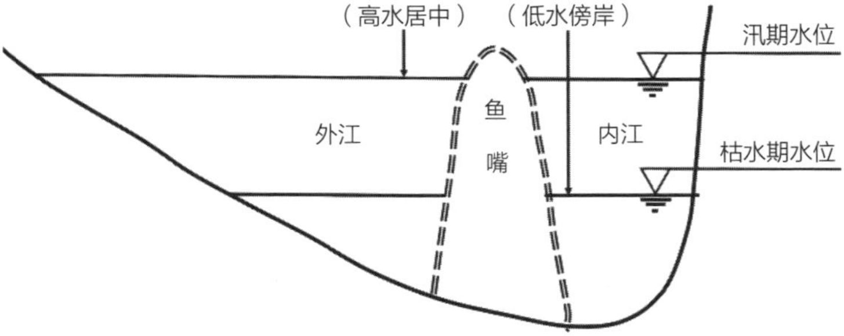
汛期主流
（高水居中）
枯水期主流
（低水傍岸）
汛期水位
鱼
嘴
外江
内江
枯水期水位

鱼嘴“水量分四六”原理

1. 系统策划：构建创新蓝图

在做管理创新时，一定要系统策划。系统策划需要以目标为统领。在目标的驱动下，全面考量相关因素，避免局限于眼前事务、片面看待问题，以致出现“按下葫芦浮起瓢”的情况。我们需要从战略管理、运营管理和资源管理等不同视角出发，瞄准目标、聚焦问题，思考得越全面越好，并且最好能在一张图上呈现出来。

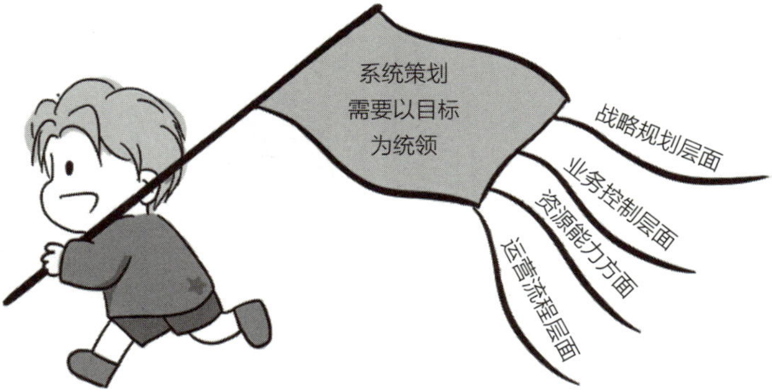

在战略规划层面，需结合 PESTEL 分析模型[①] 明确并动态调整总体战略定位，通过战略地图将抽象的战略目标转

① PESTEL 分析模型又称大环境分析，是分析宏观环境的有效数据，不仅能分析外部环境，还能识别一切对组织有冲击作用的力量。——编者注

化为可执行的举措，并建立基于平衡计分卡的战略管控机制；在业务系统层面，则需关注经营计划、产品研发、物料供应、生产制造、品质控制、成本控制等核心业务活动，以及激励机制的构建；在资源能力方面，则需构建“基础产能＋动态外包”混合的产能弹性配置，建设“技术专家＋管理人才＋技能工匠”人才梯队，打造“战略决策层＋业务执行层＋支持保障层”三层组织架构。

2. 分步实施：控制变革风险

分步实施需以问题为导向进行节奏安排，通过分析问题的轻重缓急，确定具体的改进项目及时间安排。比如三年或者五年时间里需要完成一项任务，那么第一年、第二

年、第三年要分别开展哪几个项目，通过规划构建出循序渐进、有条不紊的步骤与节奏。

在某企业，我们是这样分步实施安排的。

2017 年，在宏观上坚持系统思考，聚焦于企业战略，全流程审视整个制造系统变革，而非单点上的改善；微观上坚持问题导向，聚焦影响价值创造的关键问题，抓住突破点，注重内外结合、上下结合、远近结合和宏观与微观结合。在充分收集分析企业近些年科研生产交付维修服务数据的基础上，形成了对该企业的全面诊断意见。在此基础上，以魏朱商业模式理论（利益相关者的交易结构）为指导，围绕战略规划、业务系统和资源能力三个方面，系统策划管理变革方案。明确提出：用三年时间，分三步走，全面完成公司系统变革方案的落地实施，有力推动公司实现系统变革、转型升级的目标。初步设计：2018 年，基础管理变革，主要包括五个项目，涉及组织三定项目、组织绩效、精益单元建设、业务流程梳理和企业文化理念提炼；2019 年，系统流程优化，主要包括四个项目；2020 年，固化提升，主要包括六个项目。在三年管理变革规划的具体方案设计中，主要对 2018 年的五个项目进行详细展开，2019 年和 2020 年的规划内容只给出框架概要，后续根据项目实施情况进一步完善和细化。

3. 重点突破：获取信任合作

重点突破需要以结果为导向。在每一个项目的范围设定和进度安排上，兼顾短期效果和长期目标。我们都知道，持有坚韧的毅力和恒心“十年磨一剑”，才可能在管理上取得全面的、根本性的改观。在不违背长期目标的前提下，我们有必要力争快速获取局部的或者阶段性的成效，以此来维护和增强参与者及观望者的信任，进而赢得他们的合作与支持。失去了客户的信任，很可能就没有后续的合作

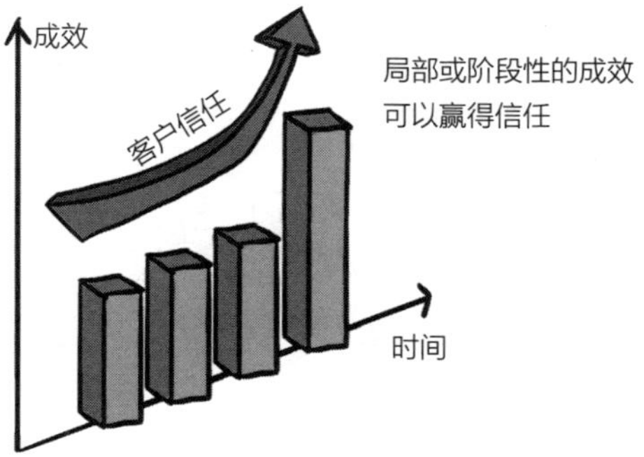

机会了。

2018 年，某单位在重点推行绩效管理与现场精益生产项目后，实现了人员不增、加班不增、产出大增的显著成效。这一效果初步化解了抵触情绪，获得了员工群体对管理变革的支持。

三、为业务活动增值

企业管理创新必须致力于为业务活动增值，也就是要帮助业务部门化解瓶颈或痛点问题。我们可以将其形象地比喻为“遗传的变异”，即组织为了应对环境变化，在其运作机制上做出了适应性调整。

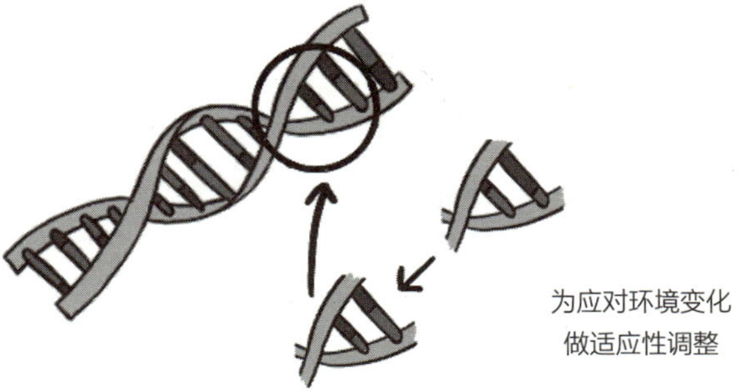

1. 提出正确的问题

现实和目标（标准 / 标杆）之间的差距，就是问题。那些影响目标实现的因素，就是问题的根本原因。怎么才能提出正确的问题？问题可能五花八门、环环相扣，但是都与目标有直接或间接的关系，因此得拿目标当尺子来量一量问题。具体来说有两种方法，一个是面向主运营流程的供应链管理审计方法，另一个是面向管理支撑性流程的部门履职管理审计的方法。前者是沿着从“市场线索—客户需求—产品设计—采购供应—生产加工—装配调试—试验检验—包装交付”这个主线，逐一审视各环节的工作品质、周期和成本，从中发现各业务部门存在的管理问题。后者是沿着“价值定位—职能职责—制度流程—计划安排—组织协同—检查分析—调整优化”这个主线，逐一审视各职能部门存在的管理问题。由于资源和条件的限制，我们提出问题，不等于要齐头并进，一次性解决所有问题，要结合环境因素评估调整的可行性，优先解决最突出的问题。

某单位曾经出台《推进生产制造系统变革的若干意见》，对制造系统变革提出了明确的要求，但由于缺少专业的技术支持，对管理变革的复杂度和实际困难认识不足，导致了方案策划不够系统、没有轻重缓急的统筹安排等问题。数年之后回头看，产品交付严重滞后、品质问题频繁发生、客户抱怨愈加突出，远未取得预期的成效。这不仅影响客户价值，也损害了股东和员工的利益，影响了公司的商业积累和发展愿景。

那该怎么办呢？我们需要科学的诊断方法，这里以部门级问题为例进行说明。

作为二级部门，要想履行好自身职能，应该遵照以下流程及要求。一是深刻把握企业发展战略的要求，明确本部门的价值定位，即部门工作在企业发展中不可或缺的核心价值是什么。二是围绕部门价值定位，明确职能范围并全面、清晰地描述出来。不仅要详细列出各项任务，更要阐述清楚这些任务之间内在的逻辑关系。三是对照部门职能，分门别类地建立必要的制度、办法或者规定，从而显性化业务流程和工作标准，确保职能履行有法可依。四是遵循既定的流程和标准，制订长期发展规划及年度工作计划。五是按照规划方向和计划要求开展工作，详细记录工作进程，妥善保存关键数据。六是组织阶段性的总结回顾，通过对比前期实际绩效与预期目标，灵活调整后续计划，确保目标的实现。七是跳出计划闭环管理的小循环，从更高的战略层面来审视部门的顶层设计（价值定位、职能范围和制度流程等）是否还有改进空间。

哪些才是我们眼下真正要解决的问题呢？可以通过鱼骨图的方法，层层分析和关联，对面临的问题进行分层分类。这样做可以帮助我们区分主要问题和次要问题、深层问题和表面问题、系统问题和局部问题，具有有效的导向作用。目标导向和问题导向都在突出必要性，同时还要关注可行性，这就要求我们看清楚自身所处的环境，包括外部环境和内部环境。看清外部环境，可利用 PEST 分析模型，从政治（Political）、经济（Economic）、社会（Social）和技术（Technological）等四个方面进行分析，敏锐捕捉环境因素的变迁，并精准评估其对单位产生的实际或潜在影响，进而发掘助力问题解决与目标达成的关键因素。洞察内部环境，则应借鉴美国生产力与质量中心（APQC）的企业价值链通用框架，审慎评估各相关因素对单位发展的支撑力度，确立管理优化的基准线，找到变革的起点。

2. 深入地分析问题

所谓的突出问题，往往错综复杂，已经不仅是部门日常运营的具体细节，而是一条线延展或一个面铺陈，乃至一张网交叉产生的问题。因此需深入探究其根本缘由，万不可浅尝辄止，仅凭治标之策消除症状。对突出问题要做根本原因的分析，然后针对性地进行解决（这属于项目策划，不同于企业整体上的管理创新系统策划）。

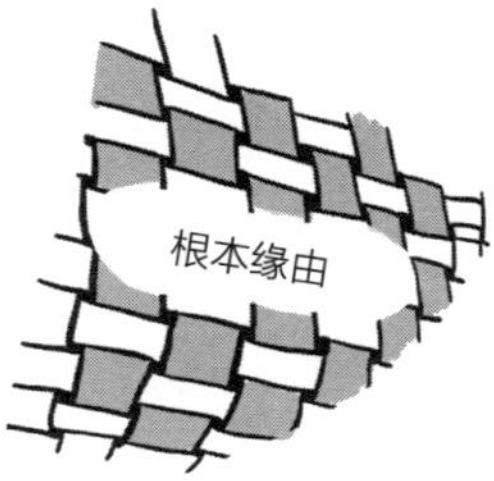

举个例子，某公司定制装具交付周期长，导致客户抱怨连连。为了解决这个问题，公司提出要缩短个性化产品交付周期 50%，明确影响交付时间的主要因素为：接受订单后处理流程不合理、缺少数据积累和标准测量方法、必须专人现场测量导致数据采集周期长等。该公司决定开展优化定制类装具订单端到端流程专项，具体任务分解为：组建数据处理专门团队、优化求援函下达流程、建立标准测量方法、建立客户个体身体数据库和优化数据处理方式。

3. 彻底地解决问题

只有找准问题，才能分析清楚根本原因。确定可行的技术路线，接下来就是具体执行的事情了。为确保方案顺利实施，建立有效的激励机制和约束机制至关重要。

有效的激励可以从三个方面入手：一是授予每个项目负责人充分的权力，包括项目总负责人和各任务包负责人乃至各具体任务负责人，让他们能在自己的责任范围内及时做出合适的决策，而不是事事请示，缺乏一定的灵活性；二是为各级项目负责人提供必要的资源条件支持，使其专注于项目任务本身，不会因为缺少必要条件而花费精力去“找米下锅”；三是提升各级项目负责人能力，包括但不限于提供知识、流程、体系和平台等方面的支持。某些单位通过聘请外部专家为项目团队开展定期辅导，也有单位开展项目交叉评估，以促进部门间交流，这些都是能力提升的有效方式。

有效约束也可以从三个方面发力。一是将项目进展数据与预期目标数据做对比，定期评估、分析并及时调整方向；二是对照预期目标，以客观的方式开展结题验收，用实际数据或者事例客观量化实施效果；三是延期支付，即在前期积累工作方案、运行数据、评估结论以及调整后工作方案的基础上，对照实际运行成效，对项目做评价，通过考核后再兑现剩余的奖励额度。

四、为个人或组织增值

企业开展管理创新项目，不能只解决当下的问题，以致企业管理水平总是原地踏步。通过全面系统地开展管理复盘，我们对企业前期卓有成效的管理创新项目和微创新项目进行回顾，在回答“当初是什么样”“现在有哪些进步”“怎么进行创新的”三个基本问题的基础上，深入挖掘项目成功的内在规律性和底层逻辑，将隐性知识显性化、零碎知识系统化。我们可以将这个情况称为“变异的遗传”——当组织为适应环境做出有效改变时，这些“优良基因变异”会被保留并传承给下一代。

在此阶段，我们更关注的是前期、前人成功的地方。做管理复盘是要额外投入资源的。当事情做得不那么漂亮的时候，先别急着管理复盘，而是优先把事情做好。

1. 总结感性经验

总结感性经验，就得回到事实本身。

通常，我们可以直观地感知到自己在哪些方面做得较好，这些正是管理复盘时应重点关注的领域。如果要更加精准地聚焦所做的事情，可以根据企业的高阶业务流程全景来选择。可能是某个业务域，也可能是某个流程组，甚至是某个流程。画一个圈，圈内就是我们要复盘的事务，界限分明，就不会无从下手。

如果做成了多件事情，每个方面都想总结出经验，那就要分轻重缓急了。从业务领域来看，要优先选择能体现管理创新发展趋势的以及真正有效解决企业自身短板的主题。复盘关于管理创新发展趋势方面的进展是为了维护企业形象，复盘关于弥补自身管理短板方面的进展是为了解决现实问题。从创新的水平来看，要优先选择实际成效显著、工作内容丰富和措施特点突出的主题。

管理复盘与战略规划所探讨的核心问题具有相通之处：

前者聚焦于“当初在哪里、现在在哪里、怎么过来的”，后者则围绕“现在在哪里、要去哪里、怎么去”展开。两者都是立足在同一个节点（现在），只是向着不同的方向开展。如果说需要做管理复盘的自上而下有预先策划的管理创新，那么前期做成的事情就可能是一个或者一系列管理创新项目，必然会有起始时间和结束时间，也就是说在某一时间段变化比较大、成效显著。这就为我们回答管理复盘的三个基本问题确立了时间基线。“当初”就是项目开展周期之前的情况；“现在”就是项目开展周期之后的情况；“怎么过来的”就是项目开展周期中做的具体事情。把“当初”和“现在”的位置画清楚，因果链就一目了然了。有了起因、结果和过程，就有了呼应和连接，完整的逻辑链条也就明晰了。

2. 沉淀理性方法

我们在总结感性经验阶段回答起因、结果和过程，可以做好记录，发散思维，但是要沉淀理性知识方法时，就必须确立管理的视角、运用管理的语言。

在阐述起因时，要坚持目标导向与问题导向相结合，交代清楚你是从哪里出发（基础条件），为什么出发（动机）。首先，从时间坐标轴来看，当初想解决的瓶颈问题是什么，以及想做的长远谋划是什么。其次，从空间坐标轴来看，内部的管理基础有什么优势和劣势，环境变化带来了哪些机遇和威胁。

在阐述结果时，要呼应起因：当初的问题解决得怎么样，当初的目标实现得怎么样？有没有促进企业效益的提升？有没有促进企业社会形象的提升？需要明确一点：只要取得了显著的成效就可以做管理复盘，而不是要全面彻底地解决了当初的问题，或者全面完美地实现了既定目标才做管理复盘。

有了起因和结果，就好像在河的两岸架起了两座桥墩，但还不能通行。回答“怎么过来的”就是在桥墩中间搭上桥面，形成坚实可行的通道。这时候我们会发现，前期所做的太多事务都是零碎的，如果不整合起来，它们是无法形成“桥面”的。于是，我们就需要管理创新项目的“总目标”来作为统领了。总目标就是当初策划开展管理创新项目时，到底想要达成什么目标；中间所做的所有事情都必须服务和服从于总目标，要不然就只会徒劳无功。总目标往往会比较宏观、笼统，还需要按照内容或者按照因果做相应的分解，拆出几个更加具体的、明确的子目标。怎么算分解到位呢？答案是不重不漏：一是所有子目标之间没有交叉重叠，二是一旦子目标都实现了，总目标也就自然实现了。

子目标怎么实现的？自然是开展了某方面的改进工作，我们可以将它称为重要举措。如果把管理复盘当作一个项目，重要举措就类似于工作分解结构中的任务包。因为子目标是相对具体、明确的，所以它可以和重要举措形成一对一的支持关系。接下来继续追问：重要举措（任务包）是如何实施的呢？我们同样可以采取两种方式来讲，一个是分步，就是分步骤，另一个是分部分，就是划分板块。无论是哪一种方式分出来的落实重要举措的动作，我们都可以称为“关键步骤”。

3. 传播传承共享

这个环节是实现“变异的遗传”的关键，通俗地说就是要传播开来、传承下去。其中，传播开来是从空间维度出发，旨在扩大影响范围；传承下去则是从时间维度考虑，意在增强持久性。

面向过去，企业管理复盘的价值在于“总结经验、沉淀知识”，也就是要对过去做成事情的自己有一个交代。面向当下，企业管理复盘的价值在于“团队学习、提升能力”，也就是在具体项目开展过程中，如果当初的项目团队一起工作，有一个团队领导（主事人）、一个组织者（主笔人）和多个团队成员（执笔人），就可以在任务完成后“总结经验、沉淀知识”，发挥团队内部知识共享的作用，团队领导可以更进一步，掌握具体实施环节的情况，而成员则能更全面地把握项目的总体思路。通过由“信（忠于事实）”到“达（表达规范）”再到“雅（高端大气）”的多轮迭代，相关人员的逻辑思维能力、管理认知水平和文字表达能力就会得到显著提升。

面向未来，企业管理复盘的核心价值在于“探索规律、指引方向”，也就是要基于前期的规律性认识形成对未来趋势的总体预判，实现摸着石头过河与加强顶层设计的有机统一。

贴士：管理复盘缺失的危害

有些企业只知道低头奔跑，不知道停下来思考。

从个人层面来看，“学而优则仕”常被视作一种奖赏机制。当组织认可某成员的杰出表现时，往往会将其提升至更高职位。然而，若该成员仅满足于执行任务，而不去深入思考其背后的目的、意义及实施路径，那他可能会继续沿用旧有的方法，难以胜任新岗位。

从部门来看，自己部门遇到的困境往往就是其他部门已经遇到或者可能遇到的问题。如果其他部门已经有效地解决了类似的问题，那本部门成员就完全可以站在前人的肩膀上，而没有必要再从头开始；如果你们是第一个认真对待、有效地解决这个问题的，那就应该系统地传播经验，让其他部门成员借鉴经验。

从企业来看，在领导人交班之后，往往会开启一个新的时代。前辈的成功经验中，有符合基本规律的成果，有适应环境的暂时策略，也有个人特质的有效发挥。如果继任者盲目全盘接受，或者颠覆前任符合规律的有效做法，那么组织将难以适应已经发生变化的新环境，员工将成为管理制度更迭的最大受害者，继任者也难以确立自己的历史地位。

此三者，都涉及组织的管理复盘。只有脱离具体事务、聚焦目的和意义，以及着眼持续成长，才能跳出重复性工作。

五、规避潜在的误区

前些年企业改革脱困时，曾经出现以改革代管理；后来受益于政策机遇实现了良好增长，又出现了以增长代管理。这些都只是政策和市场因素使然，不等于管理真的提升了。之所以会有这种认识，根本原因就在于，许多管理者未能透过现象看本质，深入理解管理创新活动的本质意义和价值所在。基于大量的直接或间接管理咨询实践，我们进一步研究发现，包括企业在内的许多社会组织的管理创新，目前普遍存在以下 4 个方面的误区。

1. 工具至上：管理功能工具化

人之所以区别于其他动物，就在于能够制造和利用工具来劳动。劳动是根本目的，如果工具不能帮助干活，那工具将失去意义。事实上，即便没有工具，人类也依然可以劳动。管理职能工具化的主要表现是，错误地认为管理改进就是使用新的工具，混淆了工具与管理本身。把管理创新局限于求变求新，忘记了管理真正的功能，这会导致背离管理的根本目标。

早些年，笔者在研究商业模式时，学到的商业模式的最经典定义是“利益相关者的交易结构”，即利益相关者互利共赢，以构建开放式的生态圈。构建一个有效的商业模式，主要包括 3 个方面：一是定位，二是业务系统，三是关键资源。要做到这个，需要具体回答以下 7 个问题：你的业务是什么？面向什么样的客户？你能够为客户提供的核心价值是什么？通过什么样的业务链条来实现客户价值？这个业务链条的每个环节分别关系到哪些利益相关者？这些利益相关者交易什么、如何交易？还需要哪些关键资源和能力来支撑这个业务系统运转？

将这些与笔者一直倡导的平衡计分卡联系起来，那么我们要回答以下 5 个问题：为了持续提升企业的价值，我们想要的、显性化的经营成果是什么？关键客户是谁？客户想要什么？如何构建或完善（市场开发、常态工作、改进提升和风险防控）业务流程，才能可以满足客户需求？需要如何配置资源（人力资源、信息资源和组织资源），才可以有效支持业务流程的构建或改进？对比之下，笔者发现，除了在业务系统的表述上有详略之差别，显性化的经营成果就包括主营业务收入的稳步增长；关

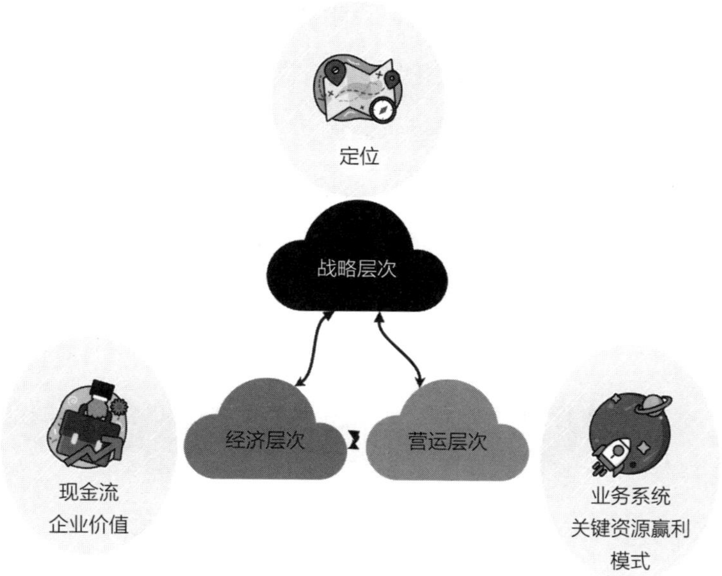

键客户想要的就是企业能够为客户提供的核心价值；市场开发、例行工作、改进提升和风险防控就是业务系统的关键组成部分；人力资本、信息资本和组织资本就是企业不可或缺的关键资源和能力。商业模式和平衡计分卡，在价值导向上都认同合作共赢，在思维方式上都要求系统思考，甚至在内涵表述的因果逻辑上，几乎都是相似的逻辑。

由此，笔者认为，在企业经营管理中，我们需要先进理论和方法的指导，但是应该把更多的精力放在发现与把握新理论新方法与旧理论旧方法之间的衔接上，确保平稳与连贯，而不是一味地追求新鲜感。事实上，也不存在具有颠覆性的全新理论。

2. 营造对立：管理知识精英化

在一次管理研讨会上，笔者曾经听到某知名外企的部门领导讲，平衡计分卡不是一个太“草根”的东西。言外之意是，普通员工理解不了，没必要跟他们解释这些。在他们看来，中高层领导是精英，属于管理者，应该垄断管理知识和管理权限，而广大员工都是被管理者，不应该懂管理。这就把基层员工队伍剥离到了组织管理工作之外，站在了管理活动的对立面。双方如同在玩猫捉老鼠的游戏。

在你我身边，也有很多领导认为自己是精英，而员工是“草根”甚至机器，对员工采取的是施压，而不是合作。他们忘记了员工也是人，有思想也有情绪，忘记了管理的本质在于“营造一种信任和合作的关系”。没有了员工对管理理念和知识的了解，就没有了组织内部平等沟通、信任合作、同频共振的基础条件，全员自主自发地管理就永远不可能实现。

3. 大拆大建：管理创新颠覆化

面对一个经过其他组织实践验证成功的理论、方法或者工具，不探究其来龙去脉，不结合自身特点和文化，而是试图简单地完全复制，往往导致“水土不服”。试图大拆大建、推倒重来，不结合具体管理功能，不承接既往管理方法，就会营造对立，忽视最广大的群众基础，从而导致推进不下去、难见实效。

4. 违规越线：绩效导向极端化

合规，尤其国家法律规定是红线，是我们开展业务活动的边界和底线，绝对不可以逾越半步。这需要做到以下两点：一是作为有决策权的领导者，一定要认识到合规是边界和底线，严格遵守；二是作为具体做事的下属，必须遵守基本的规则。

《目标》中曾经讲过一个生产加工的实例。为了提升切削工序的效率，把原本分三次的逐次切削改成了一次性完成；这是超越工艺规程的违规。但是由此引起了金属内部应力，必须增加热处理工序来化解，导致本就已是瓶颈的热处理车间不堪重负，产线整体产出水平也大幅下降。

据笔者掌握的情况，某些单位的业务人员，到了年底为了冲业绩集中开发票，营业收入固然是上来了，但是同时也带来了更多的应收账款；这是粉饰经营业绩的违规。待到新年伊始，又是一个个退票，一切回归原点。

后 记

POSTSCRIPT

在巳蛇之春，即将搁笔之际，喜迎两个重磅消息：哪吒走向世界，深度搜索横扫全球。如果再加上 2024 年 8 月惊艳亮相的《黑神话 · 悟空》，艺术、技术和游戏领域正好凑成了完美的三部曲。

固然，取得好结果自然可喜，但是学过了从 0 维到 5 维的认知迭代后，我们便不应仅仅满足于骄傲、开心或者羡慕这样的表面情感。我们要去追寻其背后的系统思维逻辑。这也是我们的微信公众号“鱼致渔”所倡导的实事求是精神——通过对“实事（实际发生的事情）”的研究，探索真正的“是（规律）”。

站在 0 维的“点”，我们无法谈及视野和格局；站上 1 维的“线”，才能理解不同点之间的联系和区别；到达 2 维的“面”，可以洞察不同线之间的联系；跃升至 3 维的“体”，能够看到不同面之间的交互；进入 4 维的“时间”，开始明白不同体之间的关系；站在 5 维的“道”，我们将能看清不同时期之间的内在联系。

通过写作过程中与小伙伴的多轮交流，我们深知本书里面的观点一定会引发你的共鸣，但是这只是第一步——“心动”。纸上得来终觉浅，绝知此事要躬行，心动不如行动。我们期待看到，大家都能在构建管理思维的同时，也对自己的思维方式加以管理，在工作和生活的方方面面不断学习实践、反思，从而进入螺旋式上升的迭代通道，逐步提升自己的思维能力。

这是一个修炼的过程，需要投入大量时间、精力和其他资源，其中最重要的就是时间，也可称为“功夫”。有了功夫，你就能有效掌控自我，识大体、顾大局、观长远、握趋势，活出从容自在的生活。如果你对延伸内容感兴趣，可以关注微信公众号“鱼致渔”，查阅关于“管理人生”的相关文章。

当您的功夫足够深厚时，便能自立于天地之间，喝一声：“我命由我不由天！”

图书推荐清单

《水煮三国》，成君忆，中信出版社

《AI·未来》，李开复，浙江人民出版社

《动机与人格》，[美] 亚伯拉罕·马斯洛，中国人民大学出版社

《经济发展理论》，[美] 约瑟夫·熊彼特，商务印书馆

《管理的实践》，[美] 彼得·德鲁克，机械工业出版社

《管理工作的本质》，[加] 亨利·明茨伯格，中国人民

大学出版社

《目标》，[以] 艾利·高德拉特，电子工业出版社

《戴明管理思想精要：质量管理之父的领导力法则》，[美] 威廉·爱德华兹·戴明，金城出版社

《精益思想》，[美] 詹姆斯·P. 沃麦克，[英] 丹尼尔·T. 琼斯，机械工业出版社

《组织协同：运用平衡计分卡创造企业合力》，[美] 罗伯特·卡普兰，[美] 戴维·诺顿，中国人民大学出版社

《竞争战略》，[美] 迈克尔·波特，华夏出版社

《下一个倒下的会不会是华为》，田涛，吴春波，中信出版社